高等职业教育“十三五”规划教材（自动化专业课程群）

机械设备装调与控制技术实践手册

主　编　胡月霞　周彦云　杨　晶

副主编　周建刚　贾大伟

主　审　张云龙

中国水利水电出版社
www.waterpub.com.cn
·北京·

内 容 提 要

本书按照机械装调技术的工作过程，结合浙江天煌科技实业有限公司 THMDZT-1A 型实训装置和职业资格的有关要求，以及职业院校对“机械装调与控制技术”课程的要求进行编写。本书共包含了主教材 7 个学习情境的内容，包括钳工基本操作技能、机械传动装置的装调、常用机构的装调、减速器及其零部件的装调、二维工作台的装调、THMDZT-1A 型机械装置的装调、电气装置调整与控制。本书在内容编排上，采用基于工作过程的项目驱动，设置不同的任务，以天煌教仪 THMDZT-1A 型实训装置为基础，设置制定方案、任务实施、检查评估等教学环节，旨在体现学生在教学过程的主体地位。本书适合作为职业技术院校“机械装调与控制技术”课程的实践练习手册。

图书在版编目（CIP）数据

机械设备装调与控制技术实践手册 / 胡月霞，周彦云，杨晶主编. -- 北京 : 中国水利水电出版社，2018.1
高等职业教育“十三五”规划教材. 自动化专业课程群
ISBN 978-7-5170-6257-8

Ⅰ. ①机… Ⅱ. ①胡… ②周… ③杨… Ⅲ. ①机械设备－设备安装－高等职业教育－教学参考资料②机械设备－调试方法－高等职业教育－教学参考资料③机械设备－控制系统－高等职业教育－教学参考资料 Ⅳ. ①TH182 ②TP273

中国版本图书馆CIP数据核字(2018)第011348号

策划编辑：陈宏华　　责任编辑：高　辉　　加工编辑：高双春　　封面设计：李　佳

书　名	高等职业教育“十三五”规划教材（自动化专业课程群） 机械设备装调与控制技术实践手册 JIXIE SHEBEI ZHUANGTIAO YU KONGZHI JISHU SHIJIAN SHOUCE
作　者	主　编　胡月霞　周彦云　杨　晶 副主编　周建刚　贾大伟 主　审　张云龙
出版发行	中国水利水电出版社 （北京市海淀区玉渊潭南路 1 号 D 座　100038） 网址：www.waterpub.com.cn E-mail：mchannel@263.net（万水） sales@waterpub.com.cn 电话：（010）68367658（营销中心）、82562819（万水）
经　售	全国各地新华书店和相关出版物销售网点
排　版	北京万水电子信息有限公司
印　刷	三河市铭浩彩色印装有限公司
规　格	210mm×285mm　16 开本　7.75 印张　260 千字
版　次	2018 年 1 月第 1 版　2018 年 1 月第 1 次印刷
印　数	0001—3000 册
定　价	18.00 元

前　言

随着教育教学改革的不断深入，根据职业教育特点，本着提高教学质量的原则，同时针对课程改革的需要，依托实训设备，组织骨干教师和企业专家共同编写本书。全书采用“边学习，边实践”的思路，以工作过程为导向，以职业岗位能力为目标，按照项目化模式编写，在每个学习情境下设置多个学习任务。

本书强调以实际应用能力为主线创设情境，以岗位技能为出发点，依托实操载体，突出教材编写风格。教材结合专业实训装置的优势，将教学思想和教改模式融于教材中，突出了职业教育的特点，凸显了实践能力的培养。本书与教材紧密结合，相互配套。

本书通过学习目标、制定方案、任务实施、检查评估等教学环节完成教学内容。其中，情境中的任务载体与教材配套，教材中的知识链接为后续的制定方案、任务实施、检查评估等环节的开展奠定理论基础，做好相应知识储备。制定方案环节是根据知识链接中的理论指导，对需要完成的项目进行整体规划和安排，并给学生布置相应的任务；任务实施环节是整个教学过程的核心，让学生根据制定的方案一步步完成实际操作，并记录操作过程和操作结果；检查评估等环节是在整个任务完成后，先由学生对自己所完成的实施过程和结果进行自我检查，以发现和认识实施过程中的不足和漏洞，然后由教师对学生的实施情况进行综合评估，最后通过课后作业的形式让学生对课堂上所制定并实施的方案进行进一步完善，以达到查漏补缺、举一反三和拓展知识面的目的。

本书由胡月霞、周彦云、杨晶任主编，周建刚、贾大伟任副主编，张云龙主审。具体编写分工如下：学习情境 6 和学习情境 7 由胡月霞编写，学习情境 1 和学习情境 4 由杨晶编写，学习情境 3 由周彦云编写，学习情境 5 由贾大伟编写，学习情境 8 由周建刚编写（本手册不包含主教材学习情景 2 的内容）。王海静、张丽娟、郭微、李学飞、呼吉亚参与了部分文字修订工作。在编写过程中，编者得到了学院各级领导及同仁的大力支持，得到包头铝厂有限责任公司的帮助，在此一并表示衷心感谢。

由于编者水平有限，书中难免存在不妥之处，敬请读者批评指正。

编　者

2017 年 10 月

目　　录

学习情境 1　钳工基本操作技能

学习目标

- 掌握钳工的基本操作方法
- 掌握划线、锯削、錾削、锉削和孔加工等钳工基本操作技能
- 会识读专业范围内的一般机械图
- 能正确调试、维护及使用钳工的简单设备、常用工具

子学习情境 1.1　划线

制定方案

划线计划和决策表案例

<table>
<tr><td>情　　境</td><td colspan="6">钳工基本操作技能</td></tr>
<tr><td>学 习 任 务</td><td colspan="5">子学习情境 1.1：划线</td><td>完成时间　</td></tr>
<tr><td>任务完成人</td><td>学习小组</td><td></td><td>组长</td><td></td><td>成员</td><td></td></tr>
<tr><td>需要学习的知识和技能</td><td colspan="6">1．钳工常用设备和量具
2．划线的基本知识
3．划线的基本技能</td></tr>
<tr><td rowspan="3">小组任务分配（以四人为一小组单位）</td><td>小组任务</td><td colspan="2">任务准备</td><td>管理学习</td><td>管理出勤、纪律</td><td>管理卫生</td></tr>
<tr><td>个人职责</td><td colspan="2">1．熟悉图纸和任务
2．准备毛坯件
3．选择工量具
4．用清洁布清洁工件</td><td>认真努力学习并管理帮助小组成员</td><td>记录考勤并管理小组成员纪律</td><td>组织值日并管理卫生</td></tr>
<tr><td>小组成员</td><td colspan="2"></td><td></td><td></td><td></td></tr>
<tr><td>完成工作任务的计划</td><td colspan="6">1．利用 4 学时学习划线的知识和技能
2．利用 1 学时制定工作任务的初步方案和最终方案
3．利用 4 学时划线
4．利用 4 学时制作任务汇报 PPT、填写工作任务单、计划和决策表、实施表、检查表、过程考核评价表并完成任务跟踪训练</td></tr>
<tr><td>完成任务载体的划线步骤</td><td colspan="6">1．研究图纸，确定划线基准，详细了解需要划线的部位、这些部位的作用和需求以及有关的加工工艺
2．初步检查毛坯的误差情况，去除不合格毛坯
3．工件表面涂色（淡金水）
4．正确安放工件和选用划线工具
5．划线
6．详细检查划线的精度以及线条有无漏划
7．在线条上打样冲眼</td></tr>
</table>

<table>
<tr><td>工作任务的
初步方案</td><td>方案一：
1．研究图纸，确定基准，确定划线工具
2．划线
3．检查
4．在线条上打样冲眼
方案二：
1．研究图纸，确定基准，确定划线工具
2．检查毛坯的误差情况，去除不合格毛坯
3．工件表面涂色（淡金水）
4．正确安放工件和选用划线工具
5．划线
6．检查划线的精度以及线条有无漏划
7．在线条上打样冲眼</td></tr>
<tr><td>工作任务的
最终方案</td><td>工作任务的最终方案为工作任务的初步方案中的方案二</td></tr>
</table>

划线计划和决策表

<table>
<tr><td>情　　境</td><td colspan="6"></td></tr>
<tr><td>学 习 任 务</td><td colspan="4"></td><td>完成时间</td><td></td></tr>
<tr><td>任务完成人</td><td>学习小组</td><td></td><td>组长</td><td></td><td>成员</td><td></td></tr>
<tr><td>需要学习的
知识和技能</td><td colspan="6"></td></tr>
<tr><td rowspan="3">小组任务分配
（以四人为一
小组单位）</td><td>小组任务</td><td>任务准备</td><td>管理学习</td><td>管理出勤、纪律</td><td colspan="2">管理卫生</td></tr>
<tr><td>个人职责</td><td>准备并检查所需的设备和工具</td><td>认真努力学习并热情辅导小组成员</td><td>记录考勤并管理小组成员纪律</td><td colspan="2">组织值日并管理卫生</td></tr>
<tr><td>小组成员</td><td></td><td></td><td></td><td colspan="2"></td></tr>
<tr><td>完成工作任务
的计划</td><td colspan="6"></td></tr>
<tr><td>完成任务载体
的划线步骤</td><td colspan="6"></td></tr>
</table>

工作任务的初步方案	
工作任务的最终方案	

划线任务实施表案例

<table>
<tr><td>情　　境</td><td colspan="6">钳工基本操作技能</td></tr>
<tr><td>学 习 任 务</td><td colspan="4">子学习情境 1.1：划线</td><td>完成时间</td><td></td></tr>
<tr><td>任务完成人</td><td>学习小组</td><td></td><td>组长</td><td></td><td>成员</td><td></td></tr>
<tr><td colspan="7">应用获得的知识和技能，根据任务载体对毛坯件划线</td></tr>
<tr><td colspan="7">其余 12.5
Ø60 +0.50 +0.30
0.8
0.8
10 +0.10 0
制图
校核
毛坯图（件1）
材料：45

图 1.1　燕尾块毛坯件</td></tr>
</table>

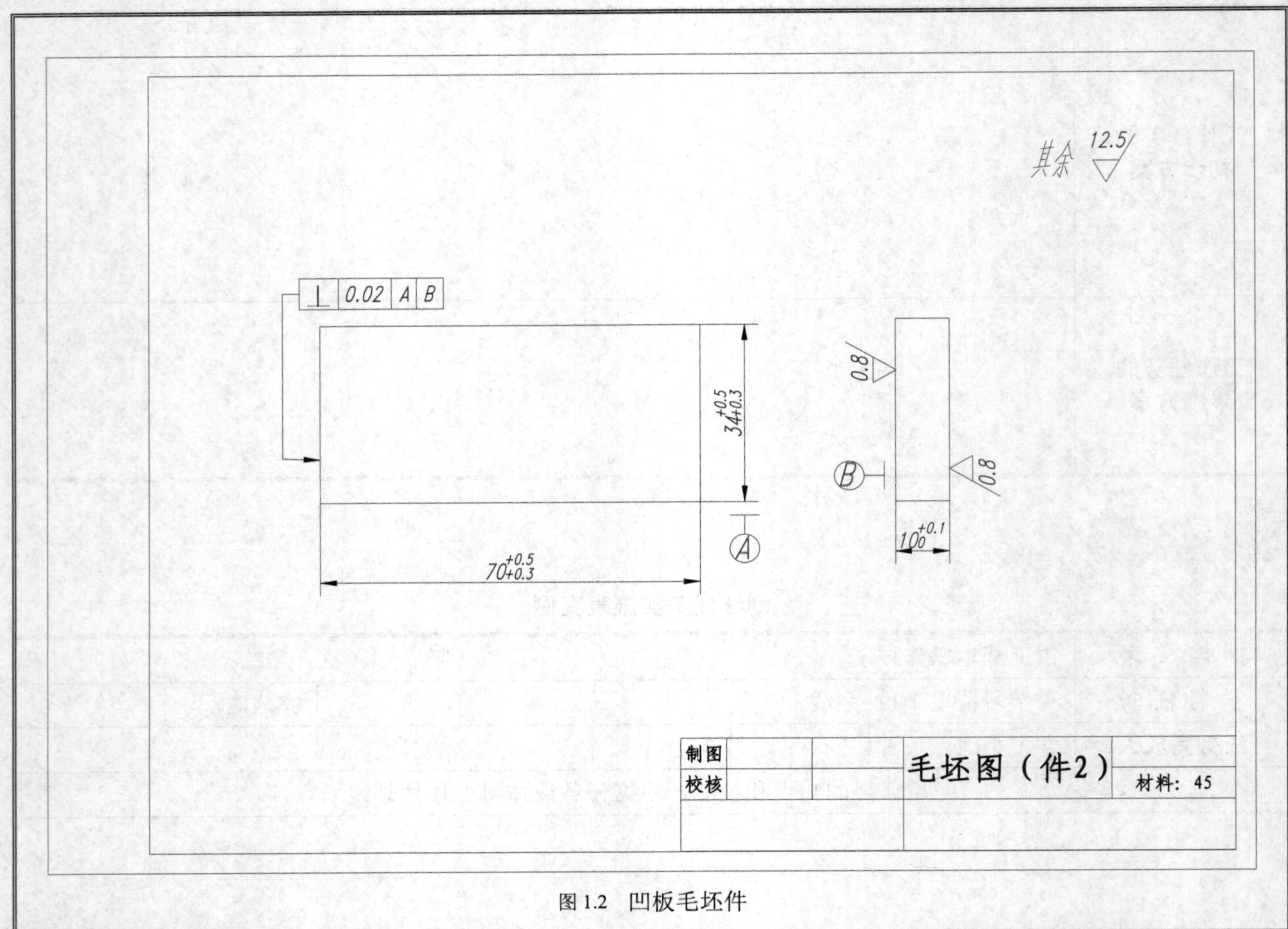

图1.2 凹板毛坯件

划线任务实施表

<table>
<tr><td>情　　境</td><td colspan="6"></td></tr>
<tr><td>学习任务</td><td colspan="4"></td><td>完成时间</td><td></td></tr>
<tr><td>任务完成人</td><td>学习小组</td><td></td><td>组长</td><td></td><td>成员</td><td></td></tr>
<tr><td colspan="7">应用获得的知识和技能，根据任务载体对毛坯件划线</td></tr>
<tr><td colspan="7"></td></tr>
</table>

划线任务检查表

<table>
<tr><td>情　　境</td><td colspan="6"></td></tr>
<tr><td>学习任务</td><td colspan="4"></td><td>完成时间</td><td></td></tr>
<tr><td>任务完成人</td><td>学习小组</td><td></td><td>组长</td><td></td><td>成员</td><td></td></tr>
<tr><td colspan="2">是否符合装配钳工国家职业标准（写出不符合之处）</td><td colspan="5"></td></tr>
<tr><td colspan="2">掌握知识和技能的情况</td><td colspan="5"></td></tr>
<tr><td colspan="2">划线步骤是否合理（写出不合理之处）</td><td colspan="5"></td></tr>
<tr><td colspan="2">需要补缺的知识和技能</td><td colspan="5"></td></tr>
<tr><td colspan="2">任务汇报 PPT 完成情况和情境学习表现及改进</td><td colspan="5"></td></tr>
</table>

划线过程考核评价表

<table>
<tr><td>情　　境</td><td colspan="7"></td></tr>
<tr><td>学习任务</td><td colspan="4"></td><td>完成时间</td><td colspan="2"></td></tr>
<tr><td>任务完成人</td><td>学习小组</td><td></td><td>组长</td><td></td><td>成员</td><td colspan="2"></td></tr>
<tr><td rowspan="2">评价项目</td><td rowspan="2">评价内容</td><td rowspan="2" colspan="3">评价标准</td><td colspan="3">得分</td></tr>
<tr><td>自评</td><td>互评（组内互评，取平均分）</td><td>教师评价</td></tr>
<tr><td rowspan="4">理论知识
（45%）</td><td>了解划线的基本知识</td><td colspan="3">对知识的理解、掌握及接受新知识的能力
□优（10）□良（8）□中（6）□差（4）</td><td></td><td></td><td></td></tr>
<tr><td>知道划线的类型</td><td colspan="3">根据工作任务，应用相关知识分析解决问题
□优（10）□良（8）□中（6）□差（4）</td><td></td><td></td><td></td></tr>
<tr><td>掌握划线的方法</td><td colspan="3">在教师的指导下，能够制定工作计划和方案并能够进行优化实施，完成工作任务单、计划和决策表、实施表、检查表、过程考核评价表的填写
□优（15）□良（12）□中（9）□差（7）</td><td></td><td></td><td></td></tr>
<tr><td>熟悉划线的步骤</td><td colspan="3">根据任务要求完成任务载体
□优（10）□良（8）□中（6）□差（4）</td><td></td><td></td><td></td></tr>
</table>

实践操作（25%）	学会毛坯件的检查	在教师的指导下，借助学习资料，能够独立学习新知识和新技能，完成工作任务 □优（8）□良（7）□中（5）□差（3）			
	学会划线基准的确定	在教师的指导下，独立解决工作中出现的各种问题，顺利完成工作任务 □优（7）□良（5）□中（3）□差（2）			
	学会划线的步骤	通过教材、网络、期刊、专业书籍、技术手册等获取信息，整理资料，获取所需知识 □优（5）□良（3）□中（2）□差（1）			
	整体工作能力	根据工作任务，制定、实施工作计划和方案、任务完成情况及汇报 □优（5）□良（3）□中（2）□差（1）			
安全文明（15%）	遵守操作规程	工作过程中，团队成员之间相互监督，严格遵守操作规程，提高安全意识 □优（5）□良（3）□中（2）□差（1）			
	职业素质规范化养成	具有批评、自我管理和工作任务的组织管理能力 □优（5）□良（3）□中（2）□差（1）			
	7S 整理	养成良好的整理习惯 □优（5）□良（3）□中（2）□差（1）			
学习态度（15%）	考勤情况	出勤情况良好，并积极投入到课程互动中去 □优（5）□良（3）□中（2）□差（1）			
	遵守实习纪律	具有良好的工作责任心、社会责任心、团队责任心（学习、纪律、出勤、卫生）、职业道德和吃苦能力 □优（5）□良（3）□中（2）□差（1）			
	团队协作	工作过程中，团队成员之间相互沟通、交流、协作、互帮互学，具备良好的群体意识 □优（5）□良（3）□中（2）□差（1）			
总　分					

子学习情境 1.2　锯削

锯削计划和决策表案例

情　境	钳工基本操作技能				
学习任务	子学习情境 1.2：锯削			完成时间	
任务完成人	学习小组		组长		成员
需要学习的知识和技能	1. 锯削的概念和工具 2. 锯削的方法				
小组任务分配（以四人为一小组单位）	小组任务	任务准备	管理学习	管理出勤、纪律	管理卫生
	个人职责	1. 熟悉图纸和任务 2. 准备划线后的工件 3. 选择工量具 4. 用清洁布清洁工件	认真努力学习并管理帮助小组成员	记录考勤并管理小组成员纪律	组织值日并管理卫生
	小组成员				

完成工作任务的计划	1．利用 4 学时学习锯削的知识和技能 2．利用 2 学时制定工作任务的初步方案和最终方案 3．利用 8 学时锯削毛坯件 4．利用 2 学时制作任务汇报 PPT、填写工作任务单、计划和决策表、实施表、检查表、过程考核评价表
完成任务载体的锯削步骤	1．检查工件 2．正确装夹工件 3．根据划线锯削去除余料
工作任务的初步方案	方案一： 1．装夹工件 2．根据划线锯削去除余料 方案二： 1．检查工件划线是否正确清晰 2．正确装夹工件，必要时可用软钳口 3．根据划线锯削去除余料，用力适当边锯边观察
工作任务的最终方案	工作任务的最终方案为工作任务的初步方案中的方案二

锯削计划和决策表

情　　境						
学习任务					完成时间	
任务完成人	学习小组		组长		成员	
需要学习的知识和技能						
小组任务分配（以四人为一小组单位）	小组任务	任务准备	管理学习	管理出勤、纪律	管理卫生	
	个人职责	准备并检查所需的设备和工具	认真努力学习并热情辅导小组成员	记录考勤并管理小组成员纪律	组织值日并管理卫生	
	小组成员					
完成工作任务的计划						
完成任务载体的锯割步骤						
工作任务的初步方案						

<table>
<tr><td>工作任务的
最终方案</td><td></td></tr>
</table>

锯削任务实施表案例

<table>
<tr><td>情　　境</td><td colspan="6">钳工基本操作技能</td></tr>
<tr><td>学 习 任 务</td><td colspan="4">子学习情境 1.2：锯削</td><td>完成时间</td><td></td></tr>
<tr><td>任务完成人</td><td>学习小组</td><td></td><td>组长</td><td></td><td>成员</td><td></td></tr>
<tr><td colspan="7">应用获得的知识和技能，根据任务载体完成毛坯件的锯削</td></tr>
<tr><td colspan="7">见图 1.1 燕尾块毛坯件和图 1.2 凹板毛坯件</td></tr>
</table>

锯削任务实施表

<table>
<tr><td>情　　境</td><td colspan="6"></td></tr>
<tr><td>学 习 任 务</td><td colspan="4"></td><td>完成时间</td><td></td></tr>
<tr><td>任务完成人</td><td>学习小组</td><td></td><td>组长</td><td></td><td>成员</td><td></td></tr>
<tr><td colspan="7">应用获得的知识和技能，根据任务载体完成毛坯件的锯削</td></tr>
<tr><td colspan="7"></td></tr>
</table>

锯削任务检查表

<table>
<tr><td>情　　境</td><td colspan="7"></td></tr>
<tr><td>学 习 任 务</td><td colspan="5"></td><td>完成时间</td><td></td></tr>
<tr><td>任务完成人</td><td>学习小组</td><td></td><td>组长</td><td></td><td>成员</td><td colspan="2"></td></tr>
<tr><td colspan="2">是否符合装配钳工国家职业标准（写出不符合之处）</td><td colspan="6"></td></tr>
<tr><td colspan="2">掌握知识和技能的情况</td><td colspan="6"></td></tr>
<tr><td colspan="2">锯削步骤是否合理（写出不合理之处）</td><td colspan="6"></td></tr>
<tr><td colspan="2">需要补缺的知识和技能</td><td colspan="6"></td></tr>
<tr><td colspan="2">任务汇报 PPT 完成情况和情境学习表现及改进</td><td colspan="6"></td></tr>
</table>

锯削过程考核评价表

<table>
<tr><td>情　　境</td><td colspan="9"></td></tr>
<tr><td>学 习 任 务</td><td colspan="5"></td><td>完成时间</td><td colspan="3"></td></tr>
<tr><td>任务完成人</td><td>学习小组</td><td></td><td>组长</td><td></td><td>成员</td><td colspan="4"></td></tr>
<tr><td rowspan="2">评价项目</td><td rowspan="2">评价内容</td><td rowspan="2" colspan="5">评价标准</td><td colspan="3">得分</td></tr>
<tr><td>自评</td><td>互评（组内互评，取平均分）</td><td>教师评价</td></tr>
<tr><td rowspan="4">理论知识（45%）</td><td>了解锯削的基本知识</td><td colspan="5">对知识的理解、掌握及接受新知识的能力
□优（10）□良（8）□中（6）□差（4）</td><td></td><td></td><td></td></tr>
<tr><td>知道锯削的姿势</td><td colspan="5">根据工作任务，应用相关知识分析解决问题
□优（10）□良（8）□中（6）□差（4）</td><td></td><td></td><td></td></tr>
<tr><td>掌握锯削的方法</td><td colspan="5">在教师的指导下，能够制定工作计划和方案并能够进行优化实施，完成工作任务单、计划和决策表、实施表、检查表、过程考核评价表的填写
□优（15）□良（12）□中（9）□差（7）</td><td></td><td></td><td></td></tr>
<tr><td>熟悉锯削的步骤</td><td colspan="5">根据任务要求完成任务载体
□优（10）□良（8）□中（6）□差（4）</td><td></td><td></td><td></td></tr>
</table>

<table>
<tr><td rowspan="4">实践操作
（25%）</td><td>学会毛坯件的检查</td><td>在教师的指导下，借助学习资料，能够独立学习新知识和新技能，完成工作任务
□优（8）□良（7）□中（5）□差（3）</td><td></td><td></td><td></td></tr>
<tr><td>学会锯削的正确姿势</td><td>在教师的指导下，独立解决工作中出现的各种问题，顺利完成工作任务
□优（7）□良（5）□中（3）□差（2）</td><td></td><td></td><td></td></tr>
<tr><td>学会锯削的步骤</td><td>通过教材、网络、期刊、专业书籍、技术手册等获取信息，整理资料，获取所需知识
□优（5）□良（3）□中（2）□差（1）</td><td></td><td></td><td></td></tr>
<tr><td>整体工作能力</td><td>根据工作任务，制定、实施工作计划和方案、任务完成情况及汇报
□优（5）□良（3）□中（2）□差（1）</td><td></td><td></td><td></td></tr>
<tr><td rowspan="3">安全文明
（15%）</td><td>遵守操作规程</td><td>工作过程中，团队成员之间相互监督，严格遵守操作规程，提高安全意识
□优（5）□良（3）□中（2）□差（1）</td><td></td><td></td><td></td></tr>
<tr><td>职业素质规范化养成</td><td>具有批评、自我管理和工作任务的组织管理能力
□优（5）□良（3）□中（2）□差（1）</td><td></td><td></td><td></td></tr>
<tr><td>7S 整理</td><td>养成良好的整理习惯
□优（5）□良（3）□中（2）□差（1）</td><td></td><td></td><td></td></tr>
<tr><td rowspan="3">学习态度
（15%）</td><td>考勤情况</td><td>出勤情况良好，并积极投入到课程互动中去
□优（5）□良（3）□中（2）□差（1）</td><td></td><td></td><td></td></tr>
<tr><td>遵守实习纪律</td><td>具有良好的工作责任心、社会责任心、团队责任心（学习、纪律、出勤、卫生）、职业道德和吃苦能力
□优（5）□良（3）□中（2）□差（1）</td><td></td><td></td><td></td></tr>
<tr><td>团队协作</td><td>工作过程中，团队成员之间相互沟通、交流、协作、互帮互学，具备良好的群体意识
□优（5）□良（3）□中（2）□差（1）</td><td></td><td></td><td></td></tr>
<tr><td colspan="3">总　分</td><td></td><td></td><td></td></tr>
</table>

子学习情境 1.3　錾削

錾削计划和决策表案例

<table>
<tr><td>情　　境</td><td colspan="6">钳工基本操作技能</td></tr>
<tr><td>学习任务</td><td colspan="4">子学习情境 1.3：錾削</td><td>完成时间</td><td></td></tr>
<tr><td>任务完成人</td><td>学习小组</td><td></td><td>组长</td><td></td><td>成员</td><td></td></tr>
<tr><td>需要学习的知识和技能</td><td colspan="6">1．錾削的概念和工具
2．錾削的方法</td></tr>
<tr><td rowspan="3">小组任务分配（以四人为一小组单位）</td><td>小组任务</td><td>任务准备</td><td>管理学习</td><td colspan="2">管理出勤、纪律</td><td>管理卫生</td></tr>
<tr><td>个人职责</td><td>1．熟悉图纸和任务
2．准备毛坯件
3．选择工量具
4．用清洁布清洁工件</td><td>认真努力学习并管理帮助小组成员</td><td colspan="2">记录考勤并管理小组成员纪律</td><td>组织值日并管理卫生</td></tr>
<tr><td>小组成员</td><td></td><td></td><td colspan="2"></td><td></td></tr>
</table>

完成工作任务的计划	1．利用 4 学时学习錾削的知识和技能 2．利用 2 学时制定工作任务的初步方案和最终方案 3．利用 4 学时錾削毛坯件 4．利用 2 学时制作任务汇报 PPT、填写工作任务单、计划和决策表、实施表、检查表、过程考核评价表
完成任务载体的錾削步骤	1．装夹工件 2．左手握錾子，右手挥锤，手锤适当松提 3．锤击錾子 4．检查工件
工作任务的初步方案	方案一： 1．装夹工件 2．錾削工件去除余料 方案二： 1．装夹工件 2．身体与台虎钳边缘大致成 45°且略向前倾，左脚跨前半步，膝盖处稍向前倾保持自然，右脚要站稳伸直不要过于用力 3．左手握錾子不要握实，右手挥锤，手锤适当松提 4．挥锤，主要用肘挥。肘挥是用手腕和肘部一起挥动做锤击运动 5．检查工件
工作任务的最终方案	工作任务的最终方案为工作任务的初步方案中的方案二

錾削计划和决策表

情　　境						
学习任务					完成时间	
任务完成人	学习小组		组长		成员	
需要学习的知识和技能						
小组任务分配（以四人为一小组单位）	小组任务	任务准备	管理学习	管理出勤、纪律	管理卫生	
	个人职责	准备并检查所需的设备和工具	认真努力学习并热情辅导小组成员	记录考勤并管理小组成员纪律	组织值日并管理卫生	
	小组成员					
完成工作任务的计划						
完成任务载体的錾削步骤						

工作任务的初步方案	
工作任务的最终方案	

鏨削任务实施表案例

<table>
<tr><td>情　　境</td><td colspan="6">钳工基本操作技能</td></tr>
<tr><td>学 习 任 务</td><td colspan="4">子学习情境 1.3：鏨削</td><td>完成时间</td><td></td></tr>
<tr><td>任务完成人</td><td>学习小组</td><td></td><td>组长</td><td></td><td>成员</td><td></td></tr>
<tr><td colspan="7">应用获得的知识和技能，根据任务载体完成毛坯件的鏨削</td></tr>
<tr><td colspan="7">见图 1.1 燕尾块毛坯件和图 1.2 凹板毛坯件</td></tr>
</table>

鏨削任务实施表

<table>
<tr><td>情　　境</td><td colspan="6"></td></tr>
<tr><td>学 习 任 务</td><td colspan="4"></td><td>完成时间</td><td></td></tr>
<tr><td>任务完成人</td><td>学习小组</td><td></td><td>组长</td><td></td><td>成员</td><td></td></tr>
<tr><td colspan="7">应用获得的知识和技能，根据任务载体完成毛坯件的鏨削</td></tr>
<tr><td colspan="7"></td></tr>
</table>

錾削任务检查表

<table>
<tr><td>情　　境</td><td colspan="7"></td></tr>
<tr><td>学习任务</td><td colspan="5"></td><td>完成时间</td><td></td></tr>
<tr><td>任务完成人</td><td>学习小组</td><td></td><td>组长</td><td></td><td>成员</td><td colspan="2"></td></tr>
<tr><td colspan="2">是否符合装配钳工国家职业标准（写出不符合之处）</td><td colspan="6"></td></tr>
<tr><td colspan="2">掌握知识和技能的情况</td><td colspan="6"></td></tr>
<tr><td colspan="2">錾削步骤是否合理（写出不合理之处）</td><td colspan="6"></td></tr>
<tr><td colspan="2">需要补缺的知识和技能</td><td colspan="6"></td></tr>
<tr><td colspan="2">任务汇报 PPT 完成情况和情境学习表现及改进</td><td colspan="6"></td></tr>
</table>

錾削过程考核评价表

<table>
<tr><td>情　　境</td><td colspan="8"></td></tr>
<tr><td>学习任务</td><td colspan="5"></td><td>完成时间</td><td colspan="2"></td></tr>
<tr><td>任务完成人</td><td>学习小组</td><td></td><td>组长</td><td></td><td>成员</td><td colspan="3"></td></tr>
<tr><td rowspan="2">评价项目</td><td rowspan="2">评价内容</td><td rowspan="2" colspan="4">评价标准</td><td colspan="3">得分</td></tr>
<tr><td>自评</td><td>互评（组内互评，取平均分）</td><td>教师评价</td></tr>
<tr><td rowspan="4">理论知识（45%）</td><td>了解錾削的基本知识</td><td colspan="4">对知识的理解、掌握及接受新知识的能力
□优（10）□良（8）□中（6）□差（4）</td><td></td><td></td><td></td></tr>
<tr><td>知道錾削的操作姿势</td><td colspan="4">根据工作任务，应用相关知识分析解决问题
□优（10）□良（8）□中（6）□差（4）</td><td></td><td></td><td></td></tr>
<tr><td>掌握錾削的方法</td><td colspan="4">在教师的指导下，能够制定工作计划和方案并能够进行优化实施，完成工作任务单、计划和决策表、实施表、检查表、过程考核评价表的填写
□优（15）□良（12）□中（9）□差（7）</td><td></td><td></td><td></td></tr>
<tr><td>熟悉錾削的步骤</td><td colspan="4">根据任务要求完成任务载体
□优（10）□良（8）□中（6）□差（4）</td><td></td><td></td><td></td></tr>
</table>

实践操作（25%）	学会毛坯件的检查	在教师的指导下，借助学习资料，能够独立学习新知识和新技能，完成工作任务 □优（8）□良（7）□中（5）□差（3）			
	学会錾削的操作方法	在教师的指导下，独立解决工作中出现的各种问题，顺利完成工作任务 □优（7）□良（5）□中（3）□差（2）			
	学会錾削的步骤	通过教材、网络、期刊、专业书籍、技术手册等获取信息，整理资料，获取所需知识 □优（5）□良（3）□中（2）□差（1）			
	整体工作能力	根据工作任务，制定、实施工作计划和方案、任务完成情况及汇报 □优（5）□良（3）□中（2）□差（1）			
安全文明（15%）	遵守操作规程	工作过程中，团队成员之间相互监督，严格遵守操作规程，提高安全意识 □优（5）□良（3）□中（2）□差（1）			
	职业素质规范化养成	具有批评、自我管理和工作任务的组织管理能力 □优（5）□良（3）□中（2）□差（1）			
	7S 整理	养成良好的整理习惯 □优（5）□良（3）□中（2）□差（1）			
学习态度（15%）	考勤情况	出勤情况良好，并积极投入到课程互动中去 □优（5）□良（3）□中（2）□差（1）			
	遵守实习纪律	具有良好的工作责任心、社会责任心、团队责任心（学习、纪律、出勤、卫生）、职业道德和吃苦能力 □优（5）□良（3）□中（2）□差（1）			
	团队协作	工作过程中，团队成员之间相互沟通、交流、协作、互帮互学，具备良好的群体意识 □优（5）□良（3）□中（2）□差（1）			
总　分					

子学习情境 1.4　锉削

制定方案

锉削计划和决策表案例

情　境	钳工基本操作技能					
学习任务	子学习情境 1.4：锉削				完成时间	
任务完成人	学习小组		组长		成员	
需要学习的知识和技能	1．锉削的概念和工具 2．锉削的方法					
小组任务分配（以四人为一小组单位）	小组任务	任务准备	管理学习	管理出勤、纪律	管理卫生	
	个人职责	1．熟悉图纸和任务 2．准备毛坯件 3．选择工量具 4．用清洁布清洁工件	认真努力学习并管理帮助小组成员	记录考勤并管理小组成员纪律	组织值日并管理卫生	
	小组成员					

完成工作任务的计划	1．利用 4 学时学习锉削的知识和技能 2．利用 2 学时制定工作任务的初步方案和最终方案 3．利用 16 学时锉削毛坯件 4．利用 2 学时制作任务汇报 PPT、填写工作任务单、计划和决策表、实施表、检查表、过程考核评价表
完成任务载体的锉削步骤	1．对选定的基准面进行锉削，精修使其达到要求精度 2．对其余面锉削以达到要求精度 3．测量并修整，完成配合要求
工作任务的初步方案	方案一： 1．装夹工件 2．对选定的基准面进行锉削，精修使其达到要求精度 3．对其余面锉削以达到要求精度 4．测量并修整，完成配合要求 方案二： 1．装夹工件 2．对选定的基准面进行锉削，测量修整，精修使其达到要求精度 3．以基准面为基础对其余面锉削以达到要求精度 4．测量并修整，完成配合要求
工作任务的最终方案	工作任务的最终方案为工作任务的初步方案中的方案二

锉削计划和决策表

情　　境					
学习任务				完成时间	
任务完成人	学习小组		组长		成员	
需要学习的知识和技能					
小组任务分配（以四人为一小组单位）	小组任务	任务准备	管理学习	管理出勤、纪律	管理卫生
	个人职责	准备并检查所需的设备和工具	认真努力学习并热情辅导小组成员	记录考勤并管理小组成员纪律	组织值日并管理卫生
	小组成员				
完成工作任务的计划					
完成任务载体的锉削步骤					

工作任务的初步方案	
工作任务的最终方案	

任务实施

锉削任务实施表案例

情　　境	钳工基本操作技能						
学 习 任 务	子学习情境 1.4：锉削					完成时间	
任务完成人	学习小组		组长		成员		
应用获得的知识和技能，根据任务载体完成毛坯件的锉削							

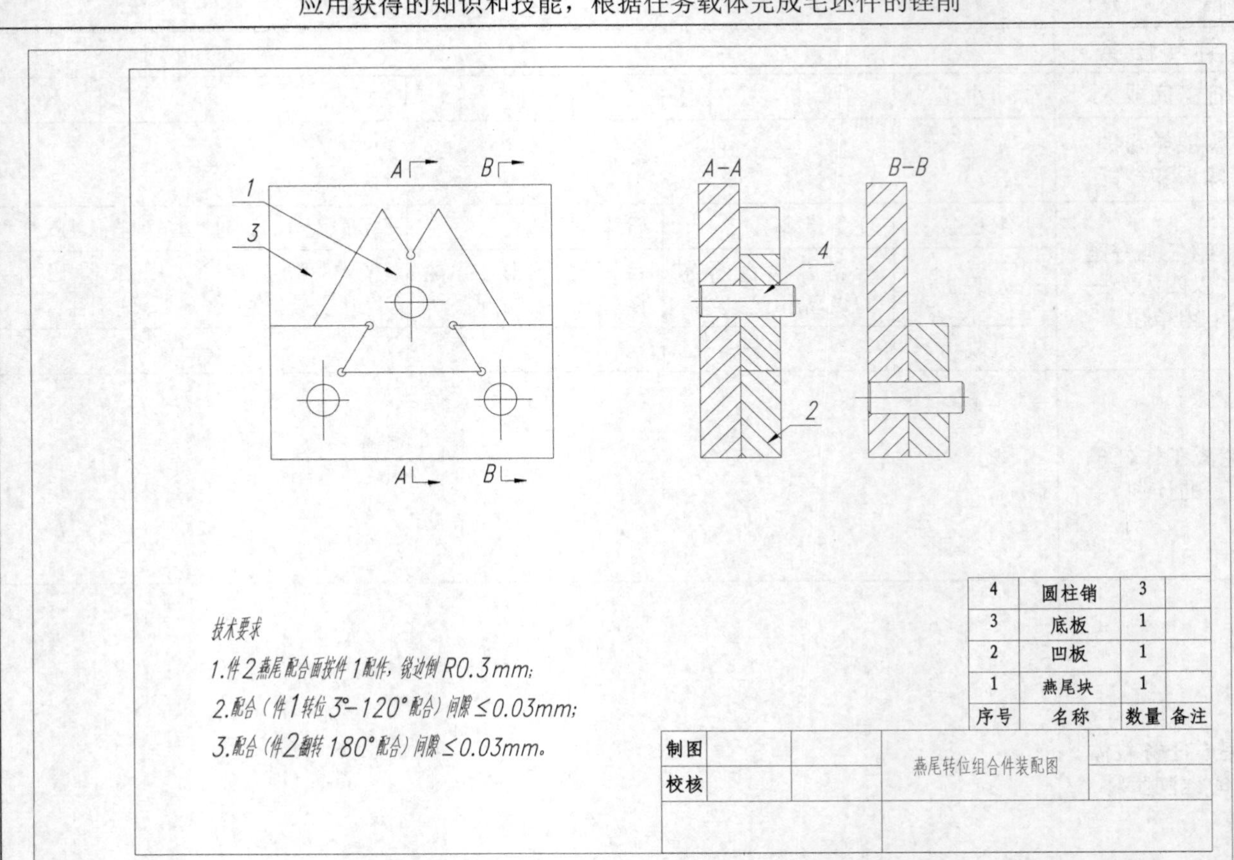

图 1.3　燕尾转位组合件装配图

锉削任务实施表

<table>
<tr><td>情　　境</td><td colspan="7"></td></tr>
<tr><td>学 习 任 务</td><td colspan="5"></td><td>完成时间</td><td></td></tr>
<tr><td>任务完成人</td><td>学习小组</td><td></td><td>组长</td><td></td><td>成员</td><td colspan="2"></td></tr>
<tr><td colspan="8">应用获得的知识和技能，根据任务载体完成毛坯件的锉削</td></tr>
<tr><td colspan="8"></td></tr>
</table>

锉削任务检查表

<table>
<tr><td>情　　境</td><td colspan="7"></td></tr>
<tr><td>学 习 任 务</td><td colspan="5"></td><td>完成时间</td><td></td></tr>
<tr><td>任务完成人</td><td>学习小组</td><td></td><td>组长</td><td></td><td>成员</td><td colspan="2"></td></tr>
<tr><td colspan="2">是否符合装配钳工国家职业标准（写出不符合之处）</td><td colspan="6"></td></tr>
<tr><td colspan="2">掌握知识和技能的情况</td><td colspan="6"></td></tr>
<tr><td colspan="2">锉削步骤是否合理（写出不合理之处）</td><td colspan="6"></td></tr>
<tr><td colspan="2">需要补缺的知识和技能</td><td colspan="6"></td></tr>
<tr><td colspan="2">任务汇报 PPT 完成情况和情境学习表现及改进</td><td colspan="6"></td></tr>
</table>

锉削过程考核评价表

情境						
学习任务			完成时间			
任务完成人	学习小组		组长		成员	
评价项目	评价内容	评价标准	得分		
			自评	互评（组内互评，取平均分）	教师评价
理论知识（45%）	了解锉削的基本知识	对知识的理解、掌握及接受新知识的能力 □优（10）□良（8）□中（6）□差（4）			
	知道锉削的姿势	根据工作任务，应用相关知识分析解决问题 □优（10）□良（8）□中（6）□差（4）			
	掌握锉削的方法	在教师的指导下，能够制定工作计划和方案并能够进行优化实施，完成工作任务单、计划和决策表、实施表、检查表、过程考核评价表的填写 □优（15）□良（12）□中（9）□差（7）			
	熟悉锉削的步骤	根据任务要求完成任务载体 □优（10）□良（8）□中（6）□差（4）			
实践操作（25%）	学会装夹工件	在教师的指导下，借助学习资料，能够独立学习新知识和新技能，完成工作任务 □优（8）□良（7）□中（5）□差（3）			
	学会锉削的正确姿势	在教师的指导下，独立解决工作中出现的各种问题，顺利完成工作任务 □优（7）□良（5）□中（3）□差（2）			
	学会锉削的步骤	通过教材、网络、期刊、专业书籍、技术手册等获取信息，整理资料，获取所需知识 □优（5）□良（3）□中（2）□差（1）			
	整体工作能力	根据工作任务，制定、实施工作计划和方案、任务完成情况及汇报 □优（5）□良（3）□中（2）□差（1）			
安全文明（15%）	遵守操作规程	工作过程中，团队成员之间相互监督，严格遵守操作规程，提高安全意识 □优（5）□良（3）□中（2）□差（1）			
	职业素质规范化养成	具有批评、自我管理和工作任务的组织管理能力 □优（5）□良（3）□中（2）□差（1）			
	7S 整理	养成良好的整理习惯 □优（5）□良（3）□中（2）□差（1）			
学习态度（15%）	考勤情况	出勤情况良好，并积极投入到课程互动中去 □优（5）□良（3）□中（2）□差（1）			
	遵守实习纪律	具有良好的工作责任心、社会责任心、团队责任心（学习、纪律、出勤、卫生）、职业道德和吃苦能力 □优（5）□良（3）□中（2）□差（1）			
	团队协作	工作过程中，团队成员之间相互沟通、交流、协作、互帮互学，具备良好的群体意识 □优（5）□良（3）□中（2）□差（1）			
总分					

子学习情境 1.5　孔加工

孔加工计划和决策表案例

<table>
<tr><td>情　　境</td><td colspan="6">钳工基本操作技能</td></tr>
<tr><td>学 习 任 务</td><td colspan="4">子学习情境 1.5：孔加工</td><td>完成时间</td><td></td></tr>
<tr><td>任务完成人</td><td>学习小组</td><td></td><td>组长</td><td></td><td>成员</td><td></td></tr>
<tr><td>需要学习的知识和技能</td><td colspan="6">1．孔加工的概念和工具
2．孔加工的方法</td></tr>
<tr><td rowspan="3">小组任务分配（以四人为一小组单位）</td><td>小组任务</td><td>任务准备</td><td>管理学习</td><td colspan="2">管理出勤、纪律</td><td>管理卫生</td></tr>
<tr><td>个人职责</td><td>1．熟悉图纸和任务
2．准备毛坯件
3．选择工量具
4．用清洁布清洁工件</td><td>认真努力学习并管理帮助小组成员</td><td colspan="2">记录考勤并管理小组成员纪律</td><td>组织值日并管理卫生</td></tr>
<tr><td>小组成员</td><td></td><td></td><td colspan="2"></td><td></td></tr>
<tr><td>完成工作任务的计划</td><td colspan="6">1．利用 4 学时学习孔加工的知识和技能
2．利用 2 学时制定工作任务的初步方案和最终方案
3．利用 8 学时对毛坯件进行孔加工
4．利用 2 学时制作任务汇报 PPT、填写工作任务单、计划和决策表、实施表、检查表、过程考核评价表</td></tr>
<tr><td>完成任务载体的孔加工步骤</td><td colspan="6">1．划线、打样冲
2．装夹钻头和工件
3．对毛坯件进行钻孔</td></tr>
<tr><td>工作任务的初步方案</td><td colspan="6">方案一：
1．划线、打样冲
2．装夹钻头和工件
3．对毛坯件进行钻孔
方案二：
1．划线、打样冲
2．装夹钻头和工件，检查钻头是否锁紧，工件装夹是否可靠
3．对工件进行钻孔，先在样冲位置钻一浅坑，确定无误再继续钻孔，边钻孔边排屑</td></tr>
<tr><td>工作任务的最终方案</td><td colspan="6">工作任务的最终方案为工作任务的初步方案中的方案二</td></tr>
</table>

孔加工计划和决策表

<table>
<tr><td>情　　境</td><td colspan="6"></td></tr>
<tr><td>学 习 任 务</td><td colspan="4"></td><td>完成时间</td><td></td></tr>
<tr><td>任务完成人</td><td>学习小组</td><td></td><td>组长</td><td></td><td>成员</td><td></td></tr>
<tr><td>需要学习的知识和技能</td><td colspan="6"></td></tr>
<tr><td rowspan="3">小组任务分配（以四人为一小组单位）</td><td>小组任务</td><td>任务准备</td><td>管理学习</td><td colspan="2">管理出勤、纪律</td><td>管理卫生</td></tr>
<tr><td>个人职责</td><td>准备并检查所需的设备和工具</td><td>认真努力学习并热情辅导小组成员</td><td colspan="2">记录考勤并管理小组成员纪律</td><td>组织值日并管理卫生</td></tr>
<tr><td>小组成员</td><td></td><td></td><td colspan="2"></td><td></td></tr>
</table>

完成工作任务的计划	
完成任务载体的孔加工步骤	
工作任务的初步方案	
工作任务的最终方案	

孔加工任务实施表案例

<table>
<tr><td>情　　境</td><td colspan="7">钳工基本操作技能</td></tr>
<tr><td>学 习 任 务</td><td colspan="5">子学习情境 1.5：孔加工</td><td>完成时间</td><td></td></tr>
<tr><td>任务完成人</td><td>学习小组</td><td></td><td>组长</td><td></td><td>成员</td><td colspan="2"></td></tr>
<tr><td colspan="8">应用获得的知识和技能，根据任务载体完成毛坯件的孔加工</td></tr>
<tr><td colspan="8"> 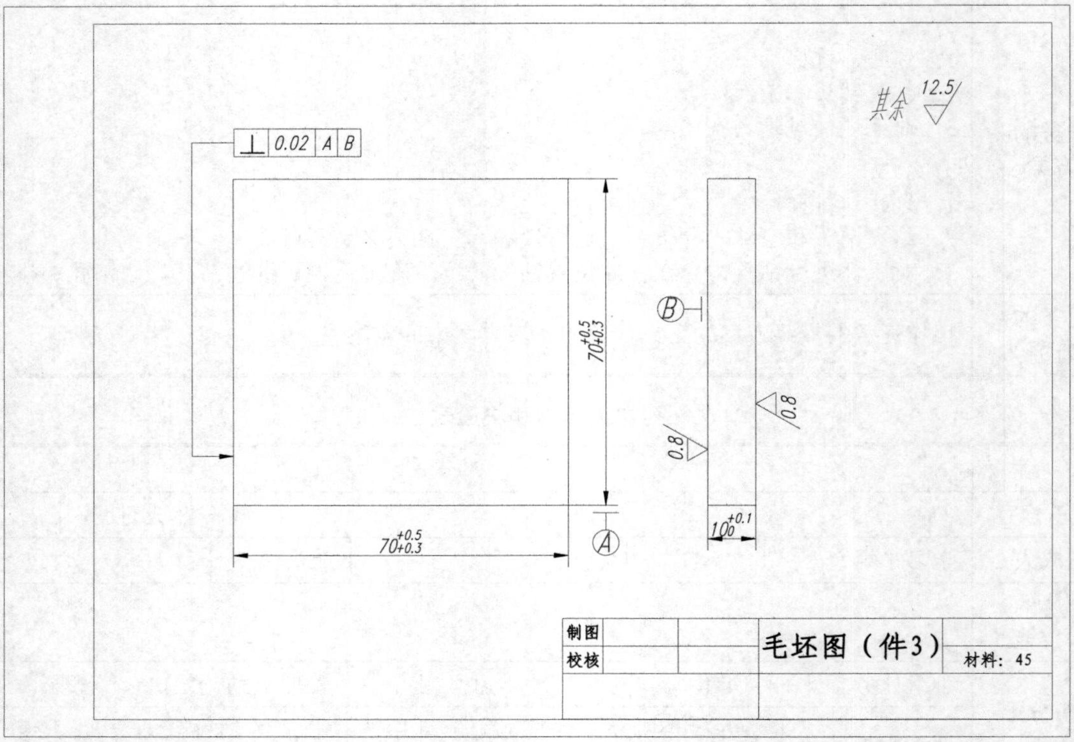图 1.4　底板毛坯件</td></tr>
</table>

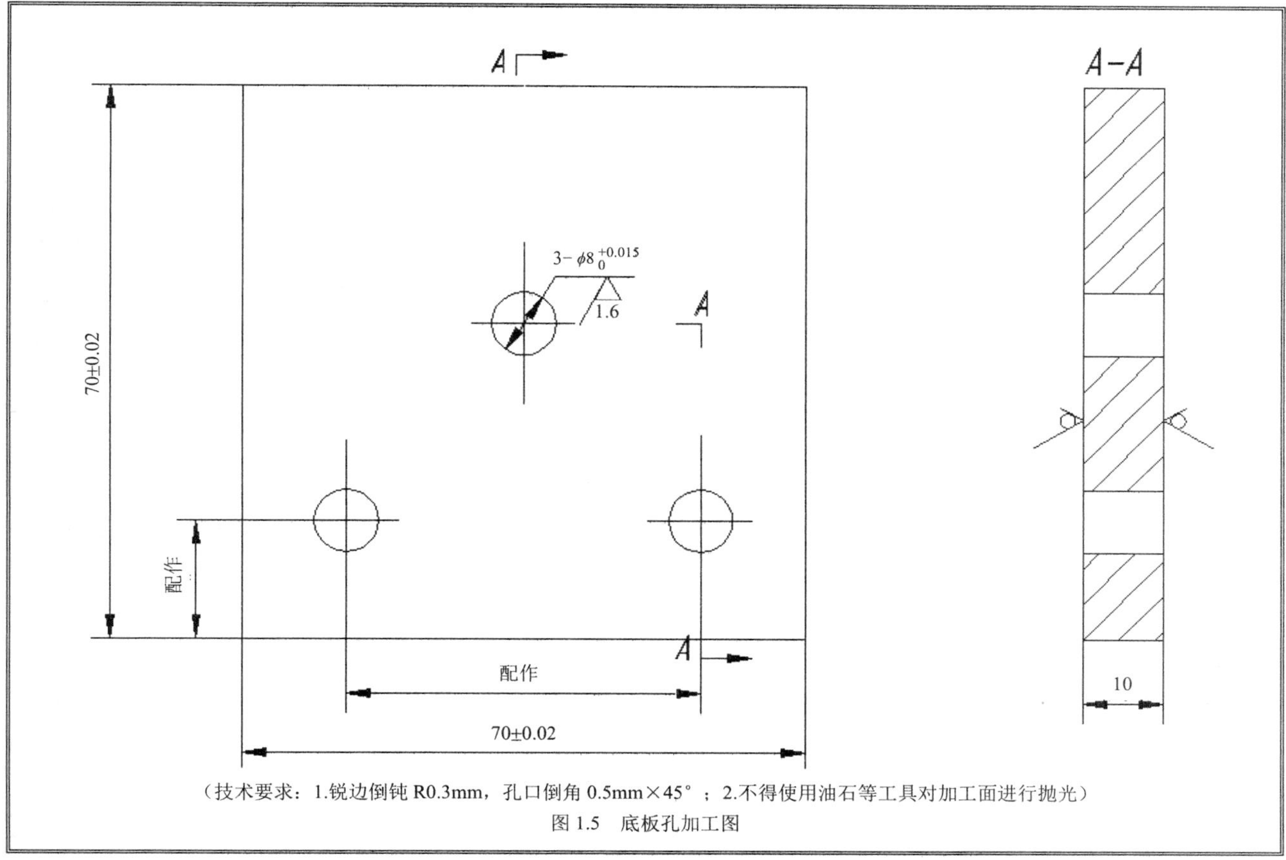

（技术要求：1.锐边倒钝 R0.3mm，孔口倒角 0.5mm×45°；2.不得使用油石等工具对加工面进行抛光）

图 1.5　底板孔加工图

孔加工任务实施表

<table>
<tr><td>情　　境</td><td colspan="6"></td></tr>
<tr><td>学 习 任 务</td><td colspan="4"></td><td>完成时间</td><td></td></tr>
<tr><td>任务完成人</td><td>学习小组</td><td></td><td>组长</td><td></td><td>成员</td><td></td></tr>
<tr><td colspan="7">应用获得的知识和技能，根据任务载体完成毛坯件的孔加工</td></tr>
<tr><td colspan="7"></td></tr>
</table>

孔加工任务检查表

情　　境						
学习任务					完成时间	
任务完成人	学习小组		组长		成员	
是否符合装配钳工国家职业标准（写出不符合之处）						
掌握知识和技能的情况						
孔加工步骤是否合理（写出不合理之处）						
需要补缺的知识和技能						
任务汇报 PPT 完成情况和情境学习表现及改进						

孔加工过程考核评价表

情　　境							
学习任务					完成时间		
任务完成人	学习小组		组长		成员		
评价项目	评价内容	评价标准			得分		
					自评	互评（组内互评，取平均分）	教师评价
理论知识（45%）	了解孔加工的基本知识	对知识的理解、掌握及接受新知识的能力 □优（10）□良（8）□中（6）□差（4）					
	知道孔加工的类型	根据工作任务，应用相关知识分析解决问题 □优（10）□良（8）□中（6）□差（4）					
	掌握孔加工的方法	在教师的指导下，能够制定工作计划和方案并能够进行优化实施，完成工作任务单、计划和决策表、实施表、检查表、过程考核评价表的填写 □优（15）□良（12）□中（9）□差（7）					
	熟悉孔加工的步骤	根据任务要求完成任务载体 □优（10）□良（8）□中（6）□差（4）					

实践操作（25%）	学会装夹工件和钻头	在教师的指导下，借助学习资料，能够独立学习新知识和新技能，完成工作任务 □优（8）□良（7）□中（5）□差（3）			
	学会孔加工的正确方法	在教师的指导下，独立解决工作中出现的各种问题，顺利完成工作任务 □优（7）□良（5）□中（3）□差（2）			
	学会孔加工的步骤	通过教材、网络、期刊、专业书籍、技术手册等获取信息，整理资料，获取所需知识 □优（5）□良（3）□中（2）□差（1）			
	整体工作能力	根据工作任务，制定、实施工作计划和方案、任务完成情况及汇报 □优（5）□良（3）□中（2）□差（1）			
安全文明（15%）	遵守操作规程	工作过程中，团队成员之间相互监督，严格遵守操作规程，提高安全意识 □优（5）□良（3）□中（2）□差（1）			
	职业素质规范化养成	具有批评、自我管理和工作任务的组织管理能力 □优（5）□良（3）□中（2）□差（1）			
	7S 整理	养成良好的整理习惯 □优（5）□良（3）□中（2）□差（1）			
学习态度（15%）	考勤情况	出勤情况良好，并积极投入到课程互动中去 □优（5）□良（3）□中（2）□差（1）			
	遵守实习纪律	具有良好的工作责任心、社会责任心、团队责任心（学习、纪律、出勤、卫生）、职业道德和吃苦能力 □优（5）□良（3）□中（2）□差（1）			
	团队协作	工作过程中，团队成员之间相互沟通、交流、协作、互帮互学，具备良好的群体意识 □优（5）□良（3）□中（2）□差（1）			
总　分					

学习情境3　机械传动装置的装调

学习目标

- 掌握滚珠丝杆常见的支撑方式
- 掌握角接触轴承的常见安装方式，掌握轴承的装配方法
- 掌握杠杆表、游标卡尺、深度游标卡尺、塞尺和直角尺的使用方法
- 具有利用铜棒和轴承装配工具的装配能力
- 能够进行设备几何精度误差的准确测量和分析，并有效实施设备精度调整
- 具有对常见故障进行判断分析的能力
- 具有拆装典型二维工作台的能力

子学习情境3.1　带传动的装调

带传动的装调计划和决策表案例

<table>
<tr><td>情　　境</td><td colspan="6">机械传动装置的装调</td></tr>
<tr><td>学习任务</td><td colspan="4">子学习情境3.1：带传动的装调</td><td>完成时间</td><td></td></tr>
<tr><td>任务完成人</td><td>学习小组</td><td></td><td>组长</td><td></td><td>成员</td><td></td></tr>
<tr><td>需要学习的知识和技能</td><td colspan="6">1．同步带的安装方法
2．同步带的张紧力的检测</td></tr>
<tr><td rowspan="3">小组任务分配（以四人为一小组单位）</td><td>小组任务</td><td colspan="2">任务准备</td><td>管理学习</td><td>管理出勤、纪律</td><td>管理卫生</td></tr>
<tr><td>个人职责</td><td colspan="2">1．熟悉图纸和零件清单、装配任务
2．检查文件和零件完备情况
3．选择工量具
4．用清洁布清洗零件
5．拆卸零件的摆放</td><td>认真努力学习并管理帮助小组成员</td><td>记录考勤并管理小组成员纪律</td><td>组织值日并管理卫生</td></tr>
<tr><td>小组成员</td><td colspan="2"></td><td></td><td></td><td></td></tr>
<tr><td>完成工作任务的计划</td><td colspan="6">1．利用2学时学习带传动的装调的知识和技能
2．利用1学时制定工作任务的初步方案和最终方案
3．利用2学时学会对同步带的安装测量和分析
4．利用2学时制作任务汇报PPT、填写工作任务单、计划和决策表、实施表、检查表、过程考核评价表并完成任务跟踪训练</td></tr>
<tr><td>完成任务载体的步骤</td><td colspan="6">1．检查技术文件、图样和零件的完备情况
2．根据装配图样和技术要求确定装配任务和装配工艺
3．根据装配任务和装配工艺选择合适的工量具，工量具摆放整齐，装配前量具要校正
4．对装配的零部件进行清理、清洗，去掉零部件上的毛刺、铁锈、切屑、油污等
5．清理安装面：安装前务必用油石和棉布等清除安装面上的加工毛刺和污物
6．装配完成</td></tr>
</table>

工作任务的初步方案	方案一： 1．按图纸要求进行装配 2．对带轮和带的张紧进行调整 方案二： 1．清洁：用清洁布蘸少许清洗液体擦拭同步带及带轮，待干燥后进行安装 2．检查：检查同步带轮是否有磨损或者裂纹；如果磨损量过大，必须更换带轮 3．装同步带轮：清理安装表面，装入带轮，进行精度检验。尤其要检查两带轮的中心平面位于同一平面的误差，防止带轮倾斜，使带侧压紧在挡圈上，使带的侧面磨损加剧，甚至被挡圈切断 4．装同步带：减小带轮的中心距（有张紧轮应将其松开），装上带子后再调整中心距。对固定中心距的带传动，应先拆下带轮，把带装到带轮上后再把带轮装到轴上固定 5．张紧同步带：通过调整中心距或使用张紧轮张紧。若采用张紧轮张紧，有两种方法：一种是采用齿形带轮的张紧轮且安装在带传动松边内侧；另一种是采用中间无凸起的平带轮作张紧轮，安装在带传动松边外侧 6．控制张紧力的大小：采用经验法，用手指按压张紧带判断张紧程度 7．装防护罩
工作任务的最终方案	工作任务的最终方案为工作任务的初步方案中的方案二

带传动的装调计划和决策表

情　　境	机械传动装置的装调					
学 习 任 务	子学习情境 3.1：带传动的装调				完成时间	
任务完成人	学习小组		组长		成员	
需要学习的知识和技能						
小组任务分配（以四人为一小组单位）	小组任务	任务准备	管理学习	管理出勤、纪律	管理卫生	
	个人职责	准备并检查所需的装调工量具	认真努力学习并热情辅导小组成员	记录考勤并管理小组成员纪律	组织值日并管理卫生	
	小组成员					
完成工作任务的计划						
完成任务载体的装调步骤						

<table>
<tr><td>工作任务的
初步方案</td><td></td></tr>
<tr><td>工作任务的
最终方案</td><td></td></tr>
</table>

任务实施

带传动的装调任务实施表案例

<table>
<tr><td>情　　境</td><td colspan="6">机械传动装置的装调</td></tr>
<tr><td>学 习 任 务</td><td colspan="4">子学习情境 3.1：带传动的装调</td><td>完成时间</td><td></td></tr>
<tr><td>任务完成人</td><td>学习小组</td><td></td><td>组长</td><td></td><td>成员</td><td></td></tr>
<tr><td colspan="7">应用获得的知识和技能，根据图纸任务载体进行装调</td></tr>
<tr><td colspan="7"></td></tr>
</table>

带传动的装调任务实施表

<table>
<tr><td>情　　境</td><td colspan="6">机械传动装置的装调</td></tr>
<tr><td>学 习 任 务</td><td colspan="4">子学习情境 3.1：带传动的装调</td><td>完成时间</td><td></td></tr>
<tr><td>任务完成人</td><td>学习小组</td><td></td><td>组长</td><td></td><td>成员</td><td></td></tr>
<tr><td colspan="7">应用获得的知识和技能，对带传动进行装调，并保证精度要求</td></tr>
<tr><td colspan="7">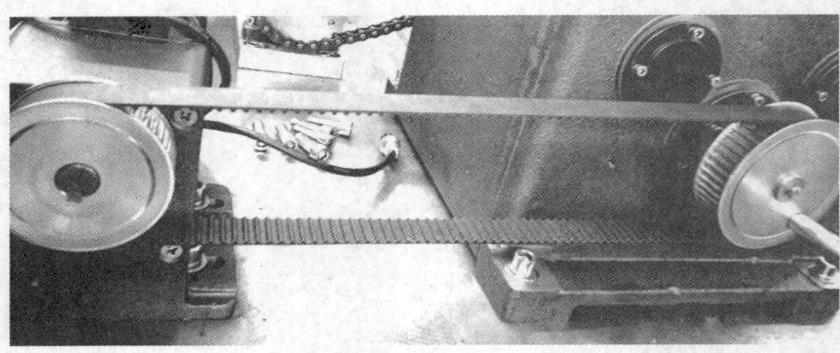
图 3.1　带传动装调</td></tr>
</table>

带传动的装调任务检查表

<table>
<tr><td>情　　境</td><td colspan="6">机械传动装置的装调</td></tr>
<tr><td>学 习 任 务</td><td colspan="4">子学习情境 3.1：带传动的装调</td><td>完成时间</td><td></td></tr>
<tr><td>任务完成人</td><td>学习小组</td><td></td><td>组长</td><td></td><td>成员</td><td></td></tr>
<tr><td colspan="2">是否符合国家装配标准（写出不符合之处）</td><td colspan="5"></td></tr>
<tr><td colspan="2">掌握知识和技能的情况</td><td colspan="5"></td></tr>
<tr><td colspan="2">装配是否合理（写出不合理之处）</td><td colspan="5"></td></tr>
<tr><td colspan="2">需要补缺的知识和技能</td><td colspan="5"></td></tr>
<tr><td colspan="2">任务汇报 PPT 完成情况和情境学习表现及改进</td><td colspan="5"></td></tr>
</table>

带传动的装调过程考核评价表

<table>
<tr><td>情　　境</td><td colspan="8">机械传动装置的装调</td></tr>
<tr><td>学 习 任 务</td><td colspan="5">子学习情境 3.1：带传动的装调</td><td>完成时间</td><td colspan="2"></td></tr>
<tr><td>任务完成人</td><td>学习小组</td><td></td><td>组长</td><td></td><td>成员</td><td colspan="3"></td></tr>
<tr><td rowspan="2">评价项目</td><td rowspan="2">评价内容</td><td rowspan="2" colspan="4">评价标准</td><td colspan="3">得分</td></tr>
<tr><td>自评</td><td>互评（组内互评，取平均分）</td><td>教师评价</td></tr>
<tr><td rowspan="4">理论知识（35%）</td><td>掌握带传动的基本知识</td><td colspan="4">对知识的理解、掌握及接受新知识的能力
□优（10）□良（8）□中（6）□差（4）</td><td></td><td></td><td></td></tr>
<tr><td>掌握带传动的装配技术要求</td><td colspan="4">根据工作任务，应用相关知识分析解决问题
□优（10）□良（8）□中（6）□差（4）</td><td></td><td></td><td></td></tr>
<tr><td>掌握带传动的装配步骤</td><td colspan="4">在教师的指导下，能够制定工作计划和方案并能够进行优化实施，完成工作任务单、计划和决策表、实施表、检查表、过程考核评价表的填写
□优（15）□良（12）□中（9）□差（7）</td><td></td><td></td><td></td></tr>
<tr><td>熟悉带传动的特点、功能和应用</td><td colspan="4">根据任务要求完成任务载体
□优（10）□良（8）□中（6）□差（4）</td><td></td><td></td><td></td></tr>
</table>

<table>
<tr><td rowspan="4">实践操作
（35%）</td><td>准备工作</td><td>在教师的指导下，借助学习资料，能够独立学习新知识和新技能，完成工作任务
□优（8）□良（7）□中（5）□差（3）</td><td></td><td></td><td></td></tr>
<tr><td>学会带轮的装调</td><td>在教师的指导下，独立解决工作中出现的各种问题，顺利完成工作任务
□优（7）□良（5）□中（3）□差（2）</td><td></td><td></td><td></td></tr>
<tr><td>学会带装调</td><td>通过教材、网络、期刊、专业书籍、技术手册等获取信息，整理资料，获取所需知识
□优（5）□良（3）□中（2）□差（1）</td><td></td><td></td><td></td></tr>
<tr><td>整体工作能力</td><td>根据工作任务，制定、实施工作计划和方案、任务完成情况及汇报
□优（5）□良（3）□中（2）□差（1）</td><td></td><td></td><td></td></tr>
<tr><td rowspan="3">安全文明
（15%）</td><td>遵守操作规程</td><td>工作过程中，团队成员之间相互监督，严格遵守操作规程，提高安全意识
□优（5）□良（3）□中（2）□差（1）</td><td></td><td></td><td></td></tr>
<tr><td>职业素质规范化养成</td><td>具有批评、自我管理和工作任务的组织管理能力
□优（5）□良（3）□中（2）□差（1）</td><td></td><td></td><td></td></tr>
<tr><td>7S 整理</td><td>养成良好的整理习惯
□优（5）□良（3）□中（2）□差（1）</td><td></td><td></td><td></td></tr>
<tr><td rowspan="3">学习态度
（15%）</td><td>考勤情况</td><td>出勤情况良好，并积极投入到课程互动中去
□优（5）□良（3）□中（2）□差（1）</td><td></td><td></td><td></td></tr>
<tr><td>遵守实习纪律</td><td>具有良好的工作责任心、社会责任心、团队责任心（学习、纪律、出勤、卫生）、职业道德和吃苦能力
□优（5）□良（3）□中（2）□差（1）</td><td></td><td></td><td></td></tr>
<tr><td>团队协作</td><td>工作过程中，团队成员之间相互沟通、交流、协作、互帮互学，具备良好的群体意识
□优（5）□良（3）□中（2）□差（1）</td><td></td><td></td><td></td></tr>
<tr><td colspan="3">总　　分</td><td></td><td></td><td></td></tr>
</table>

子学习情境 3.2　链传动的装调

链传动的装调计划和决策表案例

<table>
<tr><td>情　　境</td><td colspan="6">机械传动装置的装调</td></tr>
<tr><td>学 习 任 务</td><td colspan="4">子学习情境 3.2：链传动的装调</td><td>完成时间</td><td></td></tr>
<tr><td>任务完成人</td><td>学习小组</td><td></td><td>组长</td><td></td><td>成员</td><td></td></tr>
<tr><td>需要学习的知识和技能</td><td colspan="6">1．滚子链的安装方法
2．链传动张紧力的检测及张紧方法</td></tr>
<tr><td rowspan="3">小组任务分配（以四人为一小组单位）</td><td>小组任务</td><td>任务准备</td><td>管理学习</td><td>管理出勤、纪律</td><td colspan="2">管理卫生</td></tr>
<tr><td>个人职责</td><td>准备并检查所需的拆装工具和测量仪器</td><td>认真努力学习并管理帮助小组成员</td><td>记录考勤并管理小组成员纪律</td><td colspan="2">组织值日并管理卫生</td></tr>
<tr><td>小组成员</td><td></td><td></td><td></td><td colspan="2"></td></tr>
</table>

完成工作任务的计划	1．利用 2 学时学习链传动的安装与调试的知识和技能 2．利用 1 学时制定工作任务的初步方案和最终方案 3．利用 2 学时学会对滚子链的安装测量和分析 4．利用 2 学时制作任务汇报 PPT、填写工作任务单、计划和决策表、实施表、检查表、过程考核评价表和完成任务跟踪训练
完成任务载体的步骤	1．检查技术文件、图样和零件的完备情况 2．根据装配图样和技术要求确定装配任务和装配工艺 3．根据装配任务和装配工艺选择合适的工量具，工量具摆放整齐，装配前量具要校正 4．对装配的零部件进行清理、清洗，去掉零部件上的毛刺、铁锈、切屑、油污等 5．清理安装面：安装前务必用油石和棉布等清除安装面上的加工毛刺和污物 6．装配完成
工作任务的初步方案	方案一： 1．按图纸要求进行装配 2．进行链传动的精度调整 方案二： 1．选配：根据主从动链轮选择符合链轮要求的链条规格 2．清理：清理链轮孔和减速器的输出轴、小锥齿轮轴；清理键和键槽，并涂抹润滑油 3．装链轮：由于 THMDZT-1 型机械装调技术综合实训装置中的链传动是安装在减速箱输出轴和小锥齿轮上，链轮与轴的配合通常采用过渡配合，装配时用铜棒轻轻敲入即可，但必须注意链轮不要歪斜，并将两链轮固定在相应的轴上 4．链轮的检验：旋转链轮，使其能自如空转；用百分表检查链轮的端面和径向跳动，将跳动误差控制在误差允许范围之内；用钢板尺初步检查两链轮的轮齿几何中心平面 5．装链条：根据变速箱和小锥齿轮的位置，用截链器将链条截到合适的长度，用弹簧卡联接链条的两端，使之成为一个环形链条；移动变速箱的位置，减小两链轮的中心距，将链条安装上；采用经验法，用手指按压链条判断张紧程度 6．链轮的复检：用钢板尺复检两链轮的轮齿几何中心平面，并用塞尺检查两链轮平面轴向偏移量和歪斜误差，使误差控制在 0.60mm 之内 7．加润滑剂：链传动装配、调整合格后，对链条和链轮轮齿加足够的润滑剂
工作任务的最终方案	工作任务的最终方案为工作任务的初步方案中的方案二

链传动的装调计划和决策表

情　境	机械传动装置的装调					
学习任务	子学习情境 3.2：链传动的装调				完成时间	
任务完成人	学习小组		组长		成员	
需要学习的知识和技能						
小组任务分配（以四人为一小组单位）	小组任务	任务准备	管理学习	管理出勤、纪律	管理卫生	
	个人职责	准备并检查所需的装调工量具	认真努力学习并热情辅导小组成员	记录考勤并管理小组成员纪律	组织值日并管理卫生	
	小组成员					
完成工作任务的计划						

完成任务载体的装调步骤	
工作任务的初步方案	
工作任务的最终方案	

任务实施

链传动的装调任务实施表案例

情　　境	机械传动装置的装调						
学 习 任 务	子学习情境 3.2：链传动的装调					完成时间	
任务完成人	学习小组		组长		成员		
应用获得的知识和技能，根据图纸任务载体进行装调							

链传动的装调任务实施表

情　　境	机械传动装置的装调						
学 习 任 务	子学习情境 3.2：链传动的装调					完成时间	
任务完成人	学习小组		组长		成员		
应用获得的知识和技能，对链传动进行安装与调试，并保证精度要求							
 图 3.2　链传动装调							

链传动的装调任务检查表

情　　境	机械传动装置的装调						
学 习 任 务	子学习情境 3.2：链传动的装调					完成时间	
任务完成人	学习小组		组长		成员		
是否符合国家装配标准（写出不符合之处）							
掌握知识和技能的情况							
装配是否合理（写出不合理之处）							
需要补缺的知识和技能							
任务汇报 PPT 完成情况和情境学习表现及改进							

链传动的装调过程考核评价表

情　　境	机械传动装置的装调					
学 习 任 务	子学习情境 3.2：链传动的装调		完成时间			
任务完成人	学习小组	组长	成员			
评价项目	评价内容	评价标准	得分			
			自评	互评（组内互评，取平均分）	教师评价	
理论知识（35%）	掌握链传动的基本知识	对知识的理解、掌握及接受新知识的能力 □优（10）□良（8）□中（6）□差（4）				
	掌握链传动的装配技术要求	根据工作任务，应用相关知识分析解决问题 □优（10）□良（8）□中（6）□差（4）				
	掌握链传动的装配步骤	在教师的指导下，能够制定工作计划和方案并能够进行优化实施，完成工作任务单、计划和决策表、实施表、检查表、过程考核评价表的填写 □优（15）□良（12）□中（9）□差（7）				
	熟悉链传动的特点、功能和应用	根据任务要求完成任务载体 □优（10）□良（8）□中（6）□差（4）				

实践操作（35%）	准备工作	在教师的指导下，借助学习资料，能够独立学习新知识和新技能，完成工作任务 □优（8）□良（7）□中（5）□差（3）				
	学会链轮的装调	在教师的指导下，独立解决工作中出现的各种问题，顺利完成工作任务 □优（7）□良（5）□中（3）□差（2）				
	学会链条的装调	通过教材、网络、期刊、专业书籍、技术手册等获取信息，整理资料，获取所需知识 □优（5）□良（3）□中（2）□差（1）				
	整体工作能力	根据工作任务，制定、实施工作计划和方案、任务完成情况及汇报 □优（5）□良（3）□中（2）□差（1）				
安全文明（15%）	遵守操作规程	工作过程中，团队成员之间相互监督，严格遵守操作规程，提高安全意识 □优（5）□良（3）□中（2）□差（1）				
	职业素质规范化养成	具有批评、自我管理和工作任务的组织管理能力 □优（5）□良（3）□中（2）□差（1）				
	7S 整理	养成良好的整理习惯 □优（5）□良（3）□中（2）□差（1）				
学习态度（15%）	考勤情况	出勤情况良好，并积极投入到课程互动中去 □优（5）□良（3）□中（2）□差（1）				
	遵守实习纪律	具有良好的工作责任心、社会责任心、团队责任心（学习、纪律、出勤、卫生）、职业道德和吃苦能力 □优（5）□良（3）□中（2）□差（1）				
	团队协作	工作过程中，团队成员之间相互沟通、交流、协作、互帮互学，具备良好的群体意识 □优（5）□良（3）□中（2）□差（1）				
总　　分						

子学习情境 3.3　齿轮传动的装调

齿轮传动的装调计划和决策表案例

情　　境	机械传动的装调					
学习任务	子学习情境 3.3：齿轮传动的装调				完成时间	
任务完成人	学习小组		组长		成员	
需要学习的知识和技能	1．圆柱（圆锥）齿轮传动机构的安装过程 2．齿轮安装后的精度检验					
小组任务分配（以四人为一小组单位）	小组任务	任务准备	管理学习	管理出勤、纪律	管理卫生	
	个人职责	准备并检查所需的拆装工具和测量仪器	认真努力学习并管理帮助小组成员	记录考勤并管理小组成员纪律	组织值日并管理卫生	
	小组成员					

完成工作任务的计划	1．利用 2 学时学习齿轮传动装调的知识与技能 2．利用 1 学时制定工作任务的初步方案和最终方案 3．利用 2 学时进行齿轮的拆、装、调 4．利用 2 学时制作任务汇报 PPT、填写工作任务单、计划和决策表、实施表、检查表、过程考核评价表
完成任务载体的步骤	1．检查技术文件、图样和零件的完备情况 2．根据装配图样和技术要求确定装配任务和装配工艺 3．根据装配任务和装配工艺选择合适的工量具，工量具摆放整齐，装配前量具要校正 4．对装配的零部件进行清理、清洗，去掉零部件上的毛刺、铁锈、切屑、油污等 5．清理安装面：安装前务必用油石和棉布等清除安装面上的加工毛刺和污物 6．装配完成
工作任务的初步方案	方案一： 1．按图纸要求进行装配 2．进行齿轮啮合精度的检验 方案二： 1．准备齿轮安装调试的工量具 2．在装配前清理轴头表面、齿轮内孔、键槽和键；检查齿轮表面的毛刺是否清理干净、倒角是否完好 3．根据图纸选定齿轮与轴的装配方式 4．检验齿轮安装后的径向跳动和端面跳动 5．在齿轮装入箱体前，对箱体进行检查，主要检查箱体孔距、孔系的平行度、轴线与基面尺寸精度和平行度误差、孔中心线同轴度误差以及孔中心线与端面垂直度误差 6．将齿轮装入箱体内 7．在齿轮安装后检验齿轮啮合质量，包括侧隙大小、接触精度
工作任务的最终方案	工作任务的最终方案为工作任务的初步方案中的方案二

齿轮传动的装调计划和决策表

情　　境	机械传动的装调				
学习任务	子学习情境 3.3：齿轮传动的装调			完成时间	
任务完成人	学习小组		组长		成员	
需要学习的知识和技能					
小组任务分配（以四人为一小组单位）	小组任务	任务准备	管理学习	管理出勤、纪律	管理卫生
	个人职责	准备并检查所需的拆装工具和测量仪器	认真努力学习并热情辅导小组成员	记录考勤并管理小组成员纪律	组织值日并管理卫生
	小组成员				
完成工作任务的计划					
完成任务载体的装配和测量步骤					

工作任务的初步方案	
工作任务的最终方案	

齿轮传动的装调任务实施表案例

情　　境	机械传动装置的装高						
学 习 任 务	子学习情境 3.3：齿轮传动的装调					完成时间	
任务完成人	学习小组		组长		成员		
应用获得的知识和技能，根据任务载体进行齿轮传动机构的装调							

齿轮传动的装调任务实施表

情　　境							
学 习 任 务						完成时间	
任务完成人	学习小组		组长		成员		
应用获得的知识和技能，根据任务载体进行齿轮传动机构的装调，并保证精度要求							
 图 3.3　齿轮传动装调							

齿轮传动的装调任务检查表

情　　境	机械传动装置的装调						
学习任务	子学习情境3.3：齿轮传动的装调					完成时间	
任务完成人	学习小组		组长		成员		
是否符合国家机械装配标准（写出不符合之处）							
掌握知识和技能的情况							
拆装步骤是否合理（写出不合理之处）							
需要补缺的知识和技能							
任务汇报PPT完成情况和情境学习表现及改进							

齿轮传动的装调过程考核评价表

情　　境	机械传动装置的装调					
学习任务	子学习情境3.3：齿轮传动的装调			完成时间		
任务完成人	学习小组		组长		成员	
评价项目	评价内容	评价标准	得分			
			自评	互评（组内互评，取平均分）	教师评价	
理论知识（35%）	了解齿轮传动的基本知识	对知识的理解、掌握及接受新知识的能力 □优（10）□良（8）□中（6）□差（4）				
	掌握齿轮传动的装配技术要求	根据工作任务，应用相关知识分析解决问题 □优（10）□良（8）□中（6）□差（4）				
	掌握齿轮传动的装调方法	在教师的指导下，能够制定工作计划和方案并能够进行优化实施，完成工作任务单、计划和决策表、实施表、检查表、过程考核评价表的填写 □优（15）□良（12）□中（9）□差（7）				
	熟悉齿轮传动的特点、功能和应用	根据任务要求完成任务载体 □优（10）□良（8）□中（6）□差（4）				

实践操作（35%）	学会齿轮传动的调整工作	在教师的指导下，借助学习资料，能够独立学习新知识和新技能，完成工作任务 □优（8）□良（7）□中（5）□差（3）			
	学会齿轮的拆卸方法	在教师的指导下，独立解决工作中出现的各种问题，顺利完成工作任务 □优（7）□良（5）□中（3）□差（2）			
	学会齿轮传动的装调步骤	通过教材、网络、期刊、专业书籍、技术手册等获取信息，整理资料，获取所需知识 □优（5）□良（3）□中（2）□差（1）			
	整体工作能力	根据工作任务，制定、实施工作计划和方案、任务完成情况及汇报 □优（5）□良（3）□中（2）□差（1）			
安全文明（15%）	遵守操作规程	工作过程中，团队成员之间相互监督，严格遵守操作规程，提高安全意识 □优（5）□良（3）□中（2）□差（1）			
	职业素质规范化养成	具有批评、自我管理和工作任务的组织管理能力 □优（5）□良（3）□中（2）□差（1）			
	7S 整理	养成良好的整理习惯 □优（5）□良（3）□中（2）□差（1）			
学习态度（15%）	考勤情况	出勤情况良好，并积极投入到课程互动中去 □优（5）□良（3）□中（2）□差（1）			
	遵守实习纪律	具有良好的工作责任心、社会责任心、团队责任心（学习、纪律、出勤、卫生）、职业道德和吃苦能力 □优（5）□良（3）□中（2）□差（1）			
	团队协作	工作过程中，团队成员之间相互沟通、交流、协作、互帮互学，具备良好的群体意识 □优（5）□良（3）□中（2）□差（1）			
总　分					

子学习情境 3.4　蜗杆传动的装调

蜗杆传动的装调计划和决策表案例

情　境	机械传动装置的装调					
学习任务	子学习情境 3.4：蜗杆传动的装调				完成时间	
任务完成人	学习小组		组长		成员	
需要学习的知识和技能	1．蜗杆传动机构的运动特点、功能和应用 2．蜗杆传动装配技术要求 3．蜗杆传动装配过程及装配质量的检验					
小组任务分配（以四人为一小组单位）	小组任务	任务准备	管理学习	管理出勤、纪律	管理卫生	
	个人职责	准备并检查所需的拆装工具和测量仪器	认真努力学习并管理帮助小组成员	记录考勤并管理小组成员纪律	组织值日并管理卫生	
	小组成员					

完成工作任务的计划	1．利用 1 学时学习相关知识与技能 2．利用 1 学时制定工作任务的初步方案和最终方案 3．利用 2 学时进行二维工作台整体的拆、装、调 4．利用 2 学时制作任务汇报 PPT、填写工作任务单、计划和决策表、实施表、检查表、过程考核评价表
完成任务载体的步骤	1．检查技术文件、图样和零件的完备情况 2．根据装配图样和技术要求确定装配任务和装配工艺 3．根据装配任务和装配工艺选择合适的工量具，工量具摆放整齐，装配前量具要校正 4．对装配的零部件进行清理、清洗，去掉零部件上的毛刺、铁锈、切屑、油污等 5．清理安装面：安装前务必用油石和棉布等清除安装面上的加工毛刺和污物 6．装配完成
工作任务的初步方案	方案一： 1．按图纸要求进行装配 2．进行蜗轮蜗杆啮合精度的检验 方案二： 1．准备蜗杆传动安装调试的工量具 2．在装配前清理箱体内孔、配合轴头表面、蜗轮内孔、键槽和键；检查蜗轮蜗杆表面的毛刺是否清理干净、倒角是否完好 3．检查蜗杆箱体孔的中心距、孔轴线的垂直度 4．装配蜗轮，将蜗轮装在轴上 5．将蜗轮轴装入箱体，再装蜗杆 6．在蜗轮蜗杆安装后检验装配质量，包括侧隙大小、接触精度、转动的灵活性
工作任务的最终方案	工作任务的最终方案为工作任务的初步方案中的方案二

蜗杆传动的装调计划和决策表

<table>
<tr><td>情　　境</td><td colspan="5">机械传动装置的装调</td></tr>
<tr><td>学 习 任 务</td><td colspan="3">子学习情境 3.4：蜗杆传动的装调</td><td>完成时间</td><td></td></tr>
<tr><td>任务完成人</td><td>学习小组</td><td></td><td>组长</td><td></td><td>成员</td></tr>
<tr><td>需要学习的知识和技能</td><td colspan="5"></td></tr>
<tr><td rowspan="3">小组任务分配（以四人为一小组单位）</td><td>小组任务</td><td>任务准备</td><td>管理学习</td><td>管理出勤、纪律</td><td>管理卫生</td></tr>
<tr><td>个人职责</td><td>准备并检查所需的拆装工具和测量仪器</td><td>认真努力学习并热情辅导小组成员</td><td>记录考勤并管理小组成员纪律</td><td>组织值日并管理卫生</td></tr>
<tr><td>小组成员</td><td></td><td></td><td></td><td></td></tr>
<tr><td>完成工作任务的计划</td><td colspan="5"></td></tr>
<tr><td>完成任务载体的装调步骤</td><td colspan="5"></td></tr>
</table>

工作任务的初步方案	
工作任务的最终方案	

任务实施

蜗杆传动的装调任务实施表案例

情　　境	机械传动装置的装调						
学习任务	子学习情境 3.4：蜗杆传动的装调					完成时间	
任务完成人	学习小组		组长		成员		
应用获得的知识和技能，根据任务载体进行蜗杆传动的装调							
 图 3.5　蜗轮蜗杆机构							

蜗杆传动的装调任务实施表

情　　境	机械传动装置的装调						
学习任务	子学习情境 3.4：蜗杆传动的装调					完成时间	
任务完成人	学习小组		组长		成员		

应用获得的知识和技能，根据任务载体进行蜗杆传动装调，并保证精度要求

蜗杆传动的装调任务检查表

情　　境	机械传动装置的装调						
学习任务	子学习情境3.4：蜗杆传动的装调					完成时间	
任务完成人	学习小组		组长		成员		
是否符合国家机械装配标准（写出不符合之处）							
掌握知识和技能的情况							
装调步骤是否合理（写出不合理之处）							
需要补缺的知识和技能							
任务汇报PPT完成情况和情境学习表现及改进							

蜗杆传动的装调过程考核评价表

情　　境	机械传动装置的装调						
学习任务	子学习情境3.4：蜗杆传动的装调					完成时间	
任务完成人	学习小组		组长		成员		

评价项目	评价内容	评价标准	得分		
			自评	互评（组内互评，取平均分）	教师评价
理论知识（30%）	熟悉蜗杆传动的结构及工作原理	对知识的理解、掌握及接受新知识的能力 □优（10）□良（8）□中（6）□差（4）			
	掌握蜗杆传动的装配要求	根据工作任务，应用相关知识分析解决问题 □优（10）□良（8）□中（6）□差（4）			
	掌握蜗杆传动的装配过程	在教师的指导下，能够制定工作计划和方案并能够进行优化实施，完成工作任务单、计划和决策表、实施表、检查表、过程考核评价表的填写 □优（15）□良（12）□中（9）□差（7）			
	熟悉蜗杆传动的特点、功能和应用	根据任务要求完成任务载体 □优（10）□良（8）□中（6）□差（4）			
实践操作（40%）	学会蜗杆传动的装配	在教师的指导下，借助学习资料，能够独立学习新知识和新技能，完成工作任务 □优（8）□良（7）□中（5）□差（3）			
	学会蜗杆传动的装配质量的检验	在教师的指导下，独立解决工作中出现的各种问题，顺利完成工作任务 □优（7）□良（5）□中（3）□差（2）			
	整体工作能力	根据工作任务，制定、实施工作计划和方案、任务完成情况及汇报 □优（5）□良（3）□中（2）□差（1）			
安全文明（15%）	遵守操作规程	工作过程中，团队成员之间相互监督，严格遵守操作规程，提高安全意识 □优（5）□良（3）□中（2）□差（1）			
	职业素质规范化养成	具有批评、自我管理和工作任务的组织管理能力 □优（5）□良（3）□中（2）□差（1）			
	7S 整理	养成良好的整理习惯 □优（5）□良（3）□中（2）□差（1）			
学习态度（15%）	考勤情况	出勤情况良好，并积极投入到课程互动中去 □优（5）□良（3）□中（2）□差（1）			
	遵守实习纪律	具有良好的工作责任心、社会责任心、团队责任心（学习、纪律、出勤、卫生）、职业道德和吃苦能力 □优（5）□良（3）□中（2）□差（1）			
	团队协作	工作过程中，团队成员之间相互沟通、交流、协作、互帮互学，具备良好的群体意识 □优（5）□良（3）□中（2）□差（1）			
总　　分					

学习情境 4　常用机构的装调

学习目标

- 学会利用工具完成平面连杆机构、轴承和联轴器的装调
- 学会装调工具及量具的规范使用方法
- 养成严谨细致、一丝不苟的工作作风，能严格按照行业标准进行规范装调
- 培养学生的自信心、竞争和效率意识
- 培养爱岗敬业、诚实守信、服务群众、奉献社会等职业道德

子学习情境 4.1　平面连杆机构的装调

平面连杆机构的装调计划和决策表案例

<table>
<tr><td>情　　境</td><td colspan="6">常用机构的装调</td></tr>
<tr><td>学 习 任 务</td><td colspan="4">子学习情境 4.1：平面连杆机构的装调</td><td>完成时间</td><td></td></tr>
<tr><td>任务完成人</td><td>学习小组</td><td></td><td>组长</td><td></td><td>成员</td><td></td></tr>
<tr><td>需要学习的知识和技能</td><td colspan="6">1．平面连杆机构的基本知识
2．平面连杆机构的演变</td></tr>
<tr><td rowspan="3">小组任务分配（以四人为一小组单位）</td><td>小组任务</td><td>任务准备</td><td>管理学习</td><td colspan="2">管理出勤、纪律</td><td>管理卫生</td></tr>
<tr><td>个人职责</td><td>1．熟悉图纸和零件清单、装配任务
2. 检查文件和零件完备情况
3．选择工量具
4．用清洁布清洗零件
5．零部件准备</td><td>认真努力学习并管理帮助小组成员</td><td colspan="2">记录考勤并管理小组成员纪律</td><td>组织值日并管理卫生</td></tr>
<tr><td>小组成员</td><td></td><td></td><td colspan="2"></td><td></td></tr>
<tr><td>完成工作任务的计划</td><td colspan="6">1．利用 2 学时学习平面连杆机构的知识和演变
2．利用 1 学时制定工作任务的初步方案和最终方案
3．利用 2 学时完成曲柄连杆机构的装调
4．利用 1 学时制作任务汇报 PPT、填写工作任务单、计划和决策表、实施表、检查表、过程考核评价表并完成任务跟踪训练</td></tr>
<tr><td>完成任务载体的装调步骤</td><td colspan="6">拆卸：
1．拆下油底壳分总成
2．拆下机油滤清器和垫片
3．检查连杆和盖的配合标记，确保组装正确，拆下连杆盖螺母
4．使用橡胶锤轻轻敲击连杆螺栓，取下连杆盖
5．用橡胶锤或手锤木柄推出活塞连杆组
6．清洁曲柄销和轴承，检查麻点和划痕
7．拆下活塞环组，使用活塞环扩张器拆下两个压缩环，用手拆下两边的刮环和油环</td></tr>
</table>

	安装： 1．安装带活塞销分总成 2．安装活塞环组 3．布置活塞环端口 4．安装连杆轴承；使用活塞环收紧器按正确的位置把活塞和连杆总成推入各自的气缸，活塞的前标记朝前 5．把连杆盖装在连杆上 6．在连杆盖螺母下方涂一薄层机油，分几次交替拧紧螺母
工作任务的初步方案	方案一： 1．分几次均匀松开主轴承盖螺栓 2．使用拆下的主轴承盖螺栓，前后撬动并拆下主轴承盖和下止推垫片 3．拆出曲轴 4．安装曲轴轴承 5．对准轴承凸起和缸体的凹槽装上 5 个上轴承，对准轴承凸起和主轴承盖的凹槽装上 5 个下轴承 6．安装曲轴止推垫片 7．安装曲轴 8．按顺序分几次均匀拧紧 10 个主轴承盖螺栓 方案二： 1．分几次均匀松开主轴承盖螺栓 2．使用拆下的主轴承盖螺栓前后撬动并拆下主轴承盖和下止推垫片 3．拆出曲轴 4．检查每个主轴颈和轴承的麻点和划痕 5．安装曲轴轴承 6．对准轴承凸起和缸体的凹槽装上 5 个上轴承，对准轴承凸起和主轴承盖的凹槽装上 5 个下轴承 7．安装曲轴止推垫片 8．安装曲轴 9．按顺序分几次均匀拧紧 10 个主轴承盖螺栓
工作任务的最终方案	工作任务的最终方案为工作任务的初步方案中的方案二

平面连杆机构的装调计划和决策表

<table>
<tr><td>情　　境</td><td colspan="7"></td></tr>
<tr><td>学 习 任 务</td><td colspan="5"></td><td>完成时间</td><td></td></tr>
<tr><td>任务完成人</td><td>学习小组</td><td></td><td>组长</td><td></td><td>成员</td><td colspan="2"></td></tr>
<tr><td>需要学习的知识和技能</td><td colspan="7"></td></tr>
<tr><td rowspan="3">小组任务分配（以四人为一小组单位）</td><td>小组任务</td><td>任务准备</td><td colspan="2">管理学习</td><td colspan="2">管理出勤、纪律</td><td>管理卫生</td></tr>
<tr><td>个人职责</td><td>准备并检查所需的设备和工具</td><td colspan="2">认真努力学习并热情辅导小组成员</td><td colspan="2">记录考勤并管理小组成员纪律</td><td>组织值日并管理卫生</td></tr>
<tr><td>小组成员</td><td></td><td colspan="2"></td><td colspan="2"></td><td></td></tr>
<tr><td>完成工作任务的计划</td><td colspan="7"></td></tr>
</table>

完成任务载体的装调步骤	
工作任务的初步方案	
工作任务的最终方案	

任务实施

平面连杆机构的装调任务实施表案例

<table>
<tr><td>情　　境</td><td colspan="6">常用机构的装调</td></tr>
<tr><td>学 习 任 务</td><td colspan="4">子学习情境 4.1：平面连杆机构的装调</td><td>完成时间</td><td></td></tr>
<tr><td>任务完成人</td><td>学习小组</td><td></td><td>组长</td><td></td><td>成员</td><td></td></tr>
<tr><td colspan="7">应用获得的知识和技能完成曲柄连杆机构的装调</td></tr>
<tr><td colspan="7">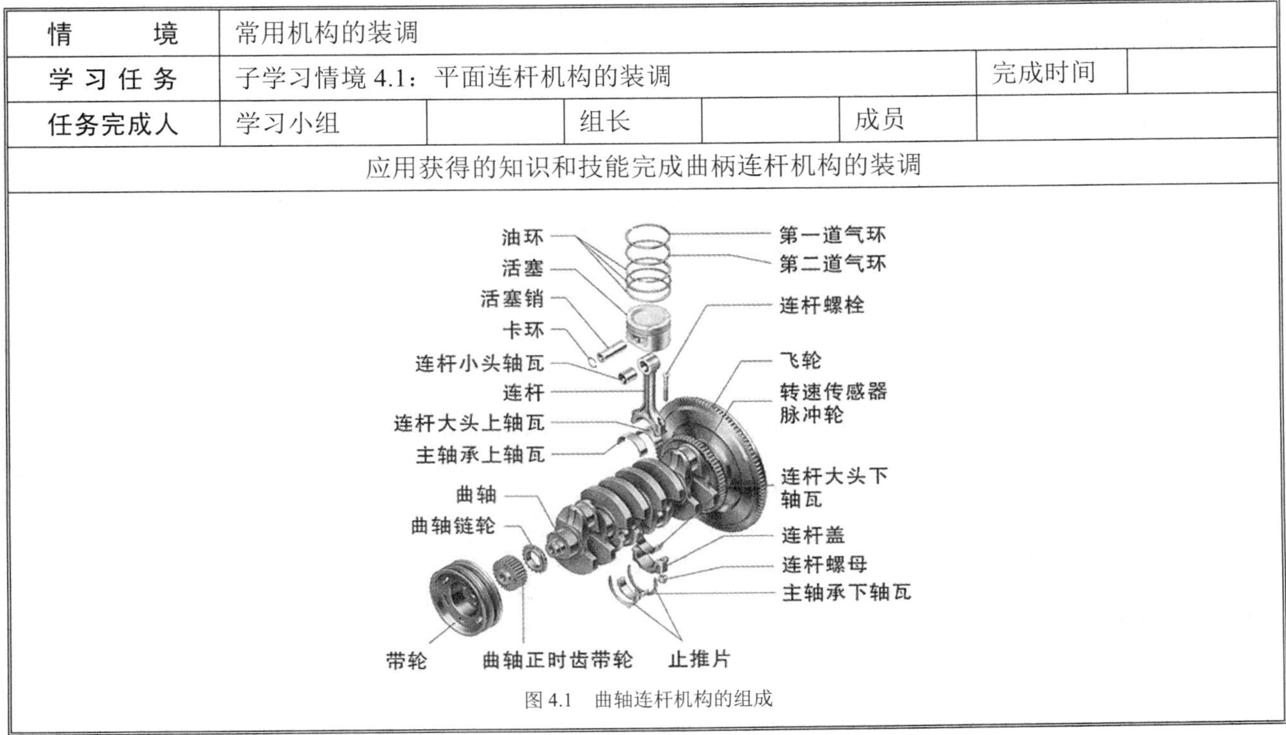</td></tr>
</table>

图 4.1　曲轴连杆机构的组成

平面连杆机构的装调任务实施表

<table>
<tr><td>情　　境</td><td colspan="6"></td></tr>
<tr><td>学 习 任 务</td><td colspan="4"></td><td>完成时间</td><td></td></tr>
<tr><td>任务完成人</td><td>学习小组</td><td></td><td>组长</td><td></td><td>成员</td><td></td></tr>
<tr><td colspan="7">应用获得的知识和技能完成曲柄连杆机构与组件的拆装</td></tr>
<tr><td colspan="7"></td></tr>
</table>

平面连杆机构的装调任务检查表

<table>
<tr><td>情　　境</td><td colspan="6"></td></tr>
<tr><td>学 习 任 务</td><td colspan="4"></td><td>完成时间</td><td></td></tr>
<tr><td>任务完成人</td><td>学习小组</td><td></td><td>组长</td><td></td><td>成员</td><td></td></tr>
<tr><td colspan="2">是否符合装配标准（写出不符合之处）</td><td colspan="5"></td></tr>
<tr><td colspan="2">掌握知识和技能的情况</td><td colspan="5"></td></tr>
<tr><td colspan="2">步骤是否合理（写出不合理之处）</td><td colspan="5"></td></tr>
<tr><td colspan="2">需要补缺的知识和技能</td><td colspan="5"></td></tr>
<tr><td colspan="2">任务汇报 PPT 完成情况和情境学习表现及改进</td><td colspan="5"></td></tr>
</table>

平面连杆机构的装调过程考核评价表

<table>
<tr><td>情　　境</td><td colspan="6"></td></tr>
<tr><td>学习任务</td><td colspan="2"></td><td>完成时间</td><td colspan="3"></td></tr>
<tr><td>任务完成人</td><td>学习小组</td><td colspan="5"> 组长 　　成员</td></tr>
<tr><td rowspan="2">评价项目</td><td rowspan="2">评价内容</td><td rowspan="2" colspan="2">评价标准</td><td colspan="3">得分</td></tr>
<tr><td>自评</td><td>互评（组内互评，取平均分）</td><td>教师评价</td></tr>
<tr><td rowspan="4">理论知识（45%）</td><td>了解平面连杆机构的基本知识</td><td colspan="2">对知识的理解、掌握及接受新知识的能力
□优（10）□良（8）□中（6）□差（4）</td><td></td><td></td><td></td></tr>
<tr><td>知道平面连杆机构的演变形式</td><td colspan="2">根据工作任务，应用相关知识分析解决问题
□优（10）□良（8）□中（6）□差（4）</td><td></td><td></td><td></td></tr>
<tr><td>掌握平面连杆机构的装调方法</td><td colspan="2">在教师的指导下，能够制定工作计划和方案并能够进行优化实施，完成工作任务单、计划和决策表、实施表、检查表、过程考核评价表的填写
□优（15）□良（12）□中（9）□差（7）</td><td></td><td></td><td></td></tr>
<tr><td>熟悉平面连杆机构的特点、功能和应用</td><td colspan="2">根据任务要求完成任务载体
□优（10）□良（8）□中（6）□差（4）</td><td></td><td></td><td></td></tr>
<tr><td rowspan="4">实践操作（25%）</td><td>学会曲轴的装调</td><td colspan="2">在教师的指导下，借助学习资料，能够独立学习新知识和新技能，完成工作任务
□优（8）□良（7）□中（5）□差（3）</td><td></td><td></td><td></td></tr>
<tr><td>学会冲压部件的安装</td><td colspan="2">在教师的指导下，独立解决工作中出现的各种问题，顺利完成工作任务
□优（7）□良（5）□中（3）□差（2）</td><td></td><td></td><td></td></tr>
<tr><td>学会曲轴的装调步骤</td><td colspan="2">通过教材、网络、期刊、专业书籍、技术手册等获取信息，整理资料，获取所需知识
□优（5）□良（3）□中（2）□差（1）</td><td></td><td></td><td></td></tr>
<tr><td>整体工作能力</td><td colspan="2">根据工作任务，制定、实施工作计划和方案、任务完成情况及汇报
□优（5）□良（3）□中（2）□差（1）</td><td></td><td></td><td></td></tr>
<tr><td rowspan="3">安全文明（15%）</td><td>遵守操作规程</td><td colspan="2">工作过程中，团队成员之间相互监督，严格遵守操作规程，提高安全意识
□优（5）□良（3）□中（2）□差（1）</td><td></td><td></td><td></td></tr>
<tr><td>职业素质规范化养成</td><td colspan="2">具有批评、自我管理和工作任务的组织管理能力
□优（5）□良（3）□中（2）□差（1）</td><td></td><td></td><td></td></tr>
<tr><td>7S 整理</td><td colspan="2">养成良好的整理习惯
□优（5）□良（3）□中（2）□差（1）</td><td></td><td></td><td></td></tr>
<tr><td rowspan="3">学习态度（15%）</td><td>考勤情况</td><td colspan="2">出勤情况良好，并积极投入到课程互动中去
□优（5）□良（3）□中（2）□差（1）</td><td></td><td></td><td></td></tr>
<tr><td>遵守实习纪律</td><td colspan="2">具有良好的工作责任心、社会责任心、团队责任心（学习、纪律、出勤、卫生）、职业道德和吃苦能力
□优（5）□良（3）□中（2）□差（1）</td><td></td><td></td><td></td></tr>
<tr><td>团队协作</td><td colspan="2">工作过程中，团队成员之间相互沟通、交流、协作、互帮互学，具备良好的群体意识
□优（5）□良（3）□中（2）□差（1）</td><td></td><td></td><td></td></tr>
<tr><td colspan="4">总　　分</td><td></td><td></td><td></td></tr>
</table>

子学习情境 4.2　轴承的装调

轴承的装调计划和决策表案例

<table>
<tr><td>情　　境</td><td colspan="5">常用机构的装调</td></tr>
<tr><td>学 习 任 务</td><td colspan="3">子学习情境 4.2：轴承的装调</td><td>完成时间</td><td></td></tr>
<tr><td>任务完成人</td><td>学习小组</td><td></td><td>组长</td><td>成员</td><td></td></tr>
<tr><td>需要学习的知识和技能</td><td colspan="5">1．轴承的基本知识
2．轴承的装调技术</td></tr>
<tr><td rowspan="3">小组任务分配（以四人为一小组单位）</td><td>小组任务</td><td>任务准备</td><td>管理学习</td><td>管理出勤、纪律</td><td>管理卫生</td></tr>
<tr><td>个人职责</td><td>1．熟悉图纸和零件清单、装配任务
2. 检查文件和零件完备情况
3．选择工量具
4．用清洁布清洗零件
5．零部件准备</td><td>认真努力学习并管理帮助小组成员</td><td>记录考勤并管理小组成员纪律</td><td>组织值日并管理卫生</td></tr>
<tr><td>小组成员</td><td></td><td></td><td></td><td></td></tr>
<tr><td>完成工作任务的计划</td><td colspan="5">1．利用 2 学时学习轴承的知识和装调技能
2．利用 1 学时制定工作任务的初步方案和最终方案
3．利用 2 学时完成滚动轴承的装调
4．利用 2 学时制作任务汇报 PPT、填写工作任务单、计划和决策表、实施表、检查表、过程考核评价表</td></tr>
<tr><td>完成任务载体的装调步骤</td><td colspan="5">图 4.2　轴承与轴
1．装配前应详细检查轴承内孔、轴、外环与外壳孔所配合的实际尺寸是否符合要求
2．用汽油或煤油清洗轴承和与其相配合的零件
3．根据轴承的类型与配合性质选择合适的装配方法进行装配</td></tr>
<tr><td>工作任务的初步方案</td><td colspan="5">方案一：
1．将轴、轴承与壳体试配，观察松紧情况
2．添加润滑油，用套筒和铜棒配合皮锤进行装配
方案二：
1．当轴承内圈与轴紧配而外圈与壳体配合较松时，可先将轴承装在轴上，然后把轴和轴承一起装入壳体中
2．当轴承外圈与壳体紧配而内圈与轴配合较松时，可将轴承先压入壳体中，然后将轴装入</td></tr>
</table>

	3．当轴承内圈与轴，外圈与壳体都是紧配时，可把轴承同时压入轴上与壳体中 4．对于角接触轴承，因其外圈可分离，可以分别把内圈装入轴上，外圈装入壳体中，然后再调整游隙
工作任务的最终方案	工作任务的最终方案为工作任务的初步方案中的方案二

轴承的装调计划和决策表

情　　境						
学习任务					完成时间	
任务完成人	学习小组		组长		成员	
需要学习的知识和技能						
小组任务分配（以四人为一小组单位）	小组任务	任务准备	管理学习	管理出勤、纪律	管理卫生	
	个人职责	准备并检查所需的绘图仪器和工具	认真努力学习并热情辅导小组成员	记录考勤并管理小组成员纪律	组织值日并管理卫生	
	小组成员					
完成工作任务的计划						
完成任务载体的装调步骤						
工作任务的初步方案						
工作任务的最终方案						

轴承的装调任务实施表案例

<table>
<tr><td>情　　境</td><td colspan="6">常用机构的装调</td></tr>
<tr><td>学 习 任 务</td><td colspan="4">子学习情境 4.2：轴承的装调</td><td>完成时间</td><td></td></tr>
<tr><td>任务完成人</td><td>学习小组</td><td></td><td>组长</td><td></td><td>成员</td><td></td></tr>
<tr><td colspan="7">应用获得的知识和技能完成滚动轴承的装调</td></tr>
<tr><td colspan="7">
图 4.3　滚动轴承的装调</td></tr>
</table>

轴承的装调任务实施表

<table>
<tr><td>情　　境</td><td colspan="6"></td></tr>
<tr><td>学 习 任 务</td><td colspan="4"></td><td>完成时间</td><td></td></tr>
<tr><td>任务完成人</td><td>学习小组</td><td></td><td>组长</td><td></td><td>成员</td><td></td></tr>
<tr><td colspan="7">应用获得的知识和技能完成滚动轴承的装调</td></tr>
<tr><td colspan="7"></td></tr>
</table>

检查评估

轴承的装调任务检查表

<table>
<tr><td>情　　境</td><td colspan="6"></td></tr>
<tr><td>学 习 任 务</td><td colspan="4"></td><td>完成时间</td><td></td></tr>
<tr><td>任务完成人</td><td>学习小组</td><td></td><td>组长</td><td></td><td>成员</td><td></td></tr>
<tr><td colspan="2">是否符合国家装配标准（写出不符合之处）</td><td colspan="5"></td></tr>
</table>

掌握知识和技能的情况	
装调步骤是否合理（写出不合理之处）	
需要补缺的知识和技能	
任务汇报 PPT 完成情况和情境学习表现及改进	

轴承的装调过程考核评价表

<table>
<tr><td>情　　境</td><td colspan="6"></td></tr>
<tr><td>学习任务</td><td colspan="2"></td><td>完成时间</td><td colspan="3"></td></tr>
<tr><td>任务完成人</td><td>学习小组</td><td colspan="5">组长　　成员</td></tr>
<tr><td rowspan="2">评价项目</td><td rowspan="2">评价内容</td><td rowspan="2">评价标准</td><td colspan="3">得分</td></tr>
<tr><td>自评</td><td>互评（组内互评，取平均分）</td><td>教师评价</td></tr>
<tr><td rowspan="4">理论知识（45%）</td><td>了解轴承的基本知识</td><td>对知识的理解、掌握及接受新知识的能力
□优（10）□良（8）□中（6）□差（4）</td><td></td><td></td><td></td></tr>
<tr><td>知道轴承的类型</td><td>根据工作任务，应用相关知识分析解决问题
□优（10）□良（8）□中（6）□差（4）</td><td></td><td></td><td></td></tr>
<tr><td>掌握滚动轴承的装调方法</td><td>在教师的指导下，能够制定工作计划和方案并能够进行优化实施，完成工作任务单、计划和决策表、实施表、检查表、过程考核评价表的填写
□优（15）□良（12）□中（9）□差（7）</td><td></td><td></td><td></td></tr>
<tr><td>熟悉轴承的特点、功能和应用</td><td>根据任务要求完成任务载体
□优（10）□良（8）□中（6）□差（4）</td><td></td><td></td><td></td></tr>
<tr><td rowspan="4">实践操作（25%）</td><td>学会轴与轴承的装调</td><td>在教师的指导下，借助学习资料，能够独立学习新知识和新技能，完成工作任务
□优（8）□良（7）□中（5）□差（3）</td><td></td><td></td><td></td></tr>
<tr><td>学会轴承与壳体的装调</td><td>在教师的指导下，独立解决工作中出现的各种问题，顺利完成工作任务
□优（7）□良（5）□中（3）□差（2）</td><td></td><td></td><td></td></tr>
<tr><td>学会轴承的装调步骤</td><td>通过教材、网络、期刊、专业书籍、技术手册等获取信息，整理资料，获取所需知识
□优（5）□良（3）□中（2）□差（1）</td><td></td><td></td><td></td></tr>
<tr><td>整体工作能力</td><td>根据工作任务，制定、实施工作计划和方案、任务完成情况及汇报
□优（5）□良（3）□中（2）□差（1）</td><td></td><td></td><td></td></tr>
</table>

安全文明（15%）	遵守操作规程	工作过程中，团队成员之间相互监督，严格遵守操作规程，提高安全意识 □优（5）□良（3）□中（2）□差（1）			
	职业素质规范化养成	具有批评、自我管理和工作任务的组织管理能力 □优（5）□良（3）□中（2）□差（1）			
	7S 整理	养成良好的整理习惯 □优（5）□良（3）□中（2）□差（1）			
学习态度（15%）	考勤情况	出勤情况良好，并积极投入到课程互动中去 □优（5）□良（3）□中（2）□差（1）			
	遵守实习纪律	具有良好的工作责任心、社会责任心、团队责任心（学习、纪律、出勤、卫生）、职业道德和吃苦能力 □优（5）□良（3）□中（2）□差（1）			
	团队协作	工作过程中，团队成员之间相互沟通、交流、协作、互帮互学，具备良好的群体意识 □优（5）□良（3）□中（2）□差（1）			
总　　分					

子学习情境 4.3　联轴器的装调

联轴器的装调计划和决策表案例

情　　境	常用机构的装调					
学习任务	子学习情境 4.3：联轴器的装调				完成时间	
任务完成人	学习小组		组长		成员	
需要学习的知识和技能	1．联轴器的基本知识 2．联轴器的装调技术					
小组任务分配（以四人为一小组单位）	小组任务	任务准备	管理学习	管理出勤、纪律	管理卫生	
	个人职责	1．熟悉图纸和零件清单、装配任务 2．检查文件和零件完备情况 3．选择工量具 4．用清洁布清洗零件 5．零部件准备	认真努力学习并管理帮助小组成员	记录考勤并管理小组成员纪律	组织值日并管理卫生	
	小组成员					
完成工作任务的计划	1．利用 2 学时学习联轴器的知识和装调技能 2．利用 1 学时制定工作任务的初步方案和最终方案 3．利用 2 学时完成联轴器的装调 4．利用 2 学时制作任务汇报 PPT、填写工作任务单、计划和决策表、实施表、检查表、过程考核评价表					
完成任务载体的装调步骤	任务载体图见联轴器的装调任务实施表案例 1．先在轴上装平键和半联轴器并固定齿轮箱，再按要求检查其径向和端面圆跳动 2．将百分表固定在半联轴器上，使其检测头触及半联轴器的外圆表面找正两个半联轴器，使之符合同轴度要求					

	3．将橡胶联轴器的柱销装入半联轴器的圆柱孔内 4．移动电动机，使半联轴器橡胶弹性套的柱销带锥度小端进入销孔内 5．先转动轴，用螺母拧紧橡胶弹性套的柱销来调控间隙 Z 沿四周方向均匀分布，然后移动电动机，使两个半联轴器靠紧，固定电动机，再复检一次同轴度 6．在半联轴器内，用螺母拧紧橡胶弹性套的柱销，使橡胶弹性套的柱销的弹力达到要求
工作任务的初步方案	方案一： 1．先在轴 1 和 2 上装平键和半联轴器 3 和 4 并固定齿轮箱，然后按要求检查其径向和端面圆跳动 2．将百分表固定在半联轴器 4 上，使其检测头触及半联轴器的外圆表面找正两个半联轴器 3 和 4，使之符合同轴度要求 3．将橡胶联轴器的柱销装入半联轴器 4 的圆柱孔内 4．移动电动机，使半联轴器 4 橡胶弹性套的柱销带锥度小端进入 3 的销孔内 5．转动轴 2，用螺母拧紧橡胶弹性套的柱销来调控间隙 Z 沿四周方向均匀分布 6．用螺母拧紧橡胶弹性套的柱销，使橡胶弹性套的柱销的弹力达到要求 方案二： 1．先在轴 1 和 2 上装平键和半联轴器 3 和 4，并固定齿轮箱，然后按要求检查其径向和端面圆跳动 2．将百分表固定在半联轴器 4 上，使其检测头触及半联轴器的外圆表面找正两个半联轴器 3 和 4，使之符合同轴度要求 3．将橡胶联轴器的柱销装入半联轴器 4 的圆柱孔内 4．移动电动机，使半联轴器 4 橡胶弹性套的柱销带锥度小端进入 3 的销孔内 5．先转动轴 2，用螺母拧紧橡胶弹性套的柱销来调控间隙 Z 沿四周方向均匀分布，然后移动电动机，使两个半联轴器靠紧，固定电动机，再复检一次同轴度 6．在半联轴器 3 内，用螺母拧紧橡胶弹性套的柱销，使橡胶弹性套的柱销的弹力达到要求
工作任务的最终方案	工作任务的最终方案为工作任务的初步方案中的方案二

联轴器的装调计划和决策表

<table>
<tr><td>情　　境</td><td colspan="5"></td></tr>
<tr><td>学习任务</td><td colspan="3"></td><td>完成时间</td><td></td></tr>
<tr><td>任务完成人</td><td>学习小组</td><td></td><td>组长</td><td></td><td>成员</td><td></td></tr>
<tr><td>需要学习的知识和技能</td><td colspan="5"></td></tr>
<tr><td rowspan="3">小组任务分配（以四人为一小组单位）</td><td>小组任务</td><td>任务准备</td><td>管理学习</td><td>管理出勤、纪律</td><td>管理卫生</td></tr>
<tr><td>个人职责</td><td>准备并检查所需的绘图仪器和工具</td><td>认真努力学习并热情辅导小组成员</td><td>记录考勤并管理小组成员纪律</td><td>组织值日并管理卫生</td></tr>
<tr><td>小组成员</td><td></td><td></td><td></td><td></td></tr>
<tr><td>完成工作任务的计划</td><td colspan="5"></td></tr>
<tr><td>完成任务载体的装调步骤</td><td colspan="5"></td></tr>
</table>

工作任务的初步方案	
工作任务的最终方案	

联轴器的装调任务实施表案例

情　　境	常用机构的装调						
学 习 任 务	子学习情境 4.3：联轴器的装调					完成时间	
任务完成人	学习小组		组长		成员		
应用获得的知识和技能完成联轴器的装调							

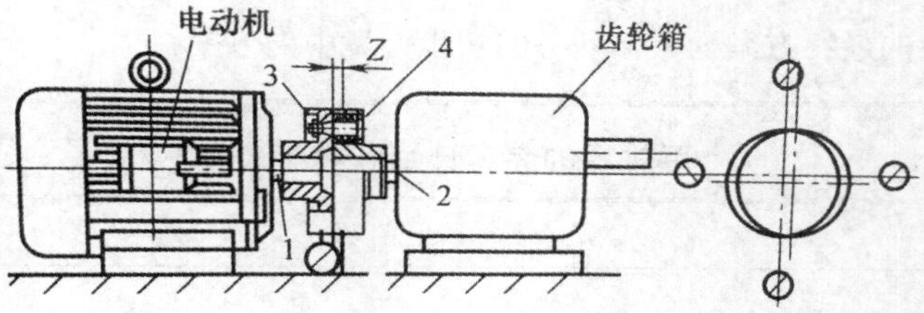

1、2—轴；3、4—半联轴器

图 4.4　弹性套柱销联轴器装调

联轴器的装调任务实施表

情　　境							
学 习 任 务						完成时间	
任务完成人	学习小组		组长		成员		
应用获得的知识和技能完成联轴器的装调							

联轴器的装调任务检查表

情　　境						
学习任务					完成时间	
任务完成人	学习小组		组长		成员	
是否符合国家装配标准（写出不符合之处）						
掌握知识和技能的情况						
装调步骤是否合理（写出不合理之处）						
需要补缺的知识和技能						
任务汇报 PPT 完成情况和情境学习表现及改进						

联轴器的装调过程考核评价表

情　　境					
学习任务		完成时间			
任务完成人	学习小组 / 组长 / 成员				
评价项目	评价内容	评价标准	得分		
			自评	互评（组内互评，取平均分）	教师评价
理论知识（45%）	了解联轴器的基本知识	对知识的理解、掌握及接受新知识的能力 □优（10）□良（8）□中（6）□差（4）			
	知道联轴器的类型	根据工作任务，应用相关知识分析解决问题 □优（10）□良（8）□中（6）□差（4）			
	掌握联轴器的装调方法	在教师的指导下，能够制定工作计划和方案并能够进行优化实施，完成工作任务单、计划和决策表、实施表、检查表、过程考核评价表的填写 □优（15）□良（12）□中（9）□差（7）			
	熟悉联轴器的特点、功能和应用	根据任务要求完成任务载体 □优（10）□良（8）□中（6）□差（4）			

实践操作（25%）	学会联轴器的装调	在教师的指导下，借助学习资料，能够独立学习新知识和新技能，完成工作任务 □优（8）□良（7）□中（5）□差（3）			
	学会用百分表测同轴度	在教师的指导下，独立解决工作中出现的各种问题，顺利完成工作任务 □优（7）□良（5）□中（3）□差（2）			
	学会联轴器的装调步骤	通过教材、网络、期刊、专业书籍、技术手册等获取信息，整理资料，获取所需知识 □优（5）□良（3）□中（2）□差（1）			
	整体工作能力	根据工作任务，制定、实施工作计划和方案、任务完成情况及汇报 □优（5）□良（3）□中（2）□差（1）			
安全文明（15%）	遵守操作规程	工作过程中，团队成员之间相互监督，严格遵守操作规程，提高安全意识 □优（5）□良（3）□中（2）□差（1）			
	职业素质规范化养成	具有批评、自我管理和工作任务的组织管理能力 □优（5）□良（3）□中（2）□差（1）			
	7S 整理	养成良好的整理习惯 □优（5）□良（3）□中（2）□差（1）			
学习态度（15%）	考勤情况	出勤情况良好，并积极投入到课程互动中去 □优（5）□良（3）□中（2）□差（1）			
	遵守实习纪律	具有良好的工作责任心、社会责任心、团队责任心（学习、纪律、出勤、卫生）、职业道德和吃苦能力 □优（5）□良（3）□中（2）□差（1）			
	团队协作	工作过程中，团队成员之间相互沟通、交流、协作、互帮互学，具备良好的群体意识 □优（5）□良（3）□中（2）□差（1）			
总　分					

学习情境 5　减速器及其零部件的装调

学习目标

- 了解并熟悉减速器的用途、结构、工作原理
- 掌握减速器的运行原理并学会分析减速器的传动特点
- 熟悉减速器及其零配件的装调要求
- 熟悉减速器及其零配件的运行环境及应用场合
- 学会典型的减速器零件的拆装
- 了解减速器装配的特点

子学习情境 5.1　轴类零件的装调

轴类零件的装调计划和决策表案例

<table>
<tr><td>情　　境</td><td colspan="6">减速器及其零部件的装调</td></tr>
<tr><td>学 习 任 务</td><td colspan="4">子学习情境 5.1：轴类零件的装调</td><td>完成时间</td><td></td></tr>
<tr><td>任务完成人</td><td>学习小组</td><td></td><td>组长</td><td></td><td>成员</td><td></td></tr>
<tr><td>需要学习的知识和技能</td><td colspan="6">1．装配轴类零件的正确方法
2．对轴类零件进行准确测量和分析，并实施设备精度调整</td></tr>
<tr><td rowspan="3">小组任务分配（以四人为一小组单位）</td><td>小组任务</td><td colspan="2">任务准备</td><td>管理学习</td><td>管理出勤、纪律</td><td>管理卫生</td></tr>
<tr><td>个人职责</td><td colspan="2">1．熟悉图纸和零件清单、装配任务
2．检查文件和零件完备情况
3．选择工量具
4．用清洁布清洗零件
5．螺钉、平垫片、弹簧垫圈等准备</td><td>认真努力学习并管理帮助小组成员</td><td>记录考勤并管理小组成员纪律</td><td>组织值日并管理卫生</td></tr>
<tr><td>小组成员</td><td colspan="2"></td><td></td><td></td><td></td></tr>
<tr><td>完成工作任务的计划</td><td colspan="6">1．利用 6 学时学习轴类零件的安装与调试的知识和技能
2．利用 1 学时制定工作任务的初步方案和最终方案
3．利用 2 学时学会对轴类零件进行准确测量和分析
4．利用 4 学时制作任务汇报 PPT、填写工作任务单、计划和决策表、实施表、检查表、过程考核评价表并完成任务跟踪训练</td></tr>
<tr><td>完成任务载体的步骤</td><td colspan="6">1．检查技术文件、图样和零件的完备情况
2．根据装配图样和技术要求确定装配任务和装配工艺
3．根据装配任务和装配工艺选择合适的工量具，工量具摆放整齐，装配前量具要校正
4．对装配的零部件进行清理、清洗，去掉零部件上的毛刺、铁锈、切屑、油污等
5．清理安装面：安装前务必用油石和棉布等清除安装面上的加工毛刺和污物
6．装配完成</td></tr>
</table>

工作任务的初步方案	方案一： 1. 看图纸找基准 2. 按图纸要求进行装配 3. 进行轴类零件的精度调整 方案二： 1. 按图纸选择合理的工具 2. 合理选择轴承的安装方式 3. 选择合理的工艺完成轴组件的安装，螺钉拧紧可靠 4. 测量并调整固定轴的轴向窜动和径向圆跳动，并达到精度要求
工作任务的最终方案	工作任务的最终方案为工作任务的初步方案中的方案二

轴类零件的装调计划和决策表

情　　境						
学 习 任 务					完成时间	
任务完成人	学习小组		组长		成员	
需要学习的知识和技能						
小组任务分配（以四人为一小组单位）	小组任务	任务准备	管理学习	管理出勤、纪律	管理卫生	
	个人职责	准备并检查所需的装调工具和量具	认真努力学习并热情辅导小组成员	记录考勤并管理小组成员纪律	组织值日并管理卫生	
	小组成员					
完成工作任务的计划						
完成任务载体的装调步骤						
工作任务的初步方案						
工作任务的最终方案						

轴类零件的装调任务实施表案例

情　　境	减速器及其零部件的装调					
学 习 任 务	子学习情境 5.1：轴类零件的装调				完成时间	
任务完成人	学习小组		组长		成员	
应用获得的知识和技能，根据图纸任务载体进行装调						
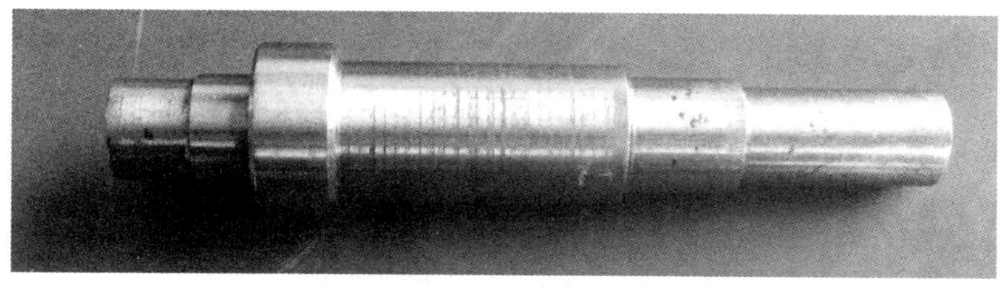 图 4.5　轴						

轴类零件任务实施表

情　　境						
学 习 任 务					完成时间	
任务完成人	学习小组		组长		成员	
应用获得的知识和技能，对轴类零件进行装调，并保证精度要求						

检查评估

轴类零件的装调任务检查表

情　　境						
学 习 任 务					完成时间	
任务完成人	学习小组		组长		成员	
是否符合国家装配标准（写出不符合之处）						

掌握知识和技能的情况	
装配是否合理（写出不合理之处）	
需要补缺的知识和技能	
任务汇报 PPT 完成情况和情境学习表现及改进	

轴类零件装调过程考核评价表

<table>
<tr><td>情　　境</td><td colspan="5"></td></tr>
<tr><td>学习任务</td><td colspan="2"></td><td>完成时间</td><td colspan="2"></td></tr>
<tr><td>任务完成人</td><td>学习小组</td><td>组长　　成员</td><td colspan="3"></td></tr>
<tr><td rowspan="2">评价项目</td><td rowspan="2">评价内容</td><td rowspan="2">评价标准</td><td colspan="3">得分</td></tr>
<tr><td>自评</td><td>互评（组内互评，取平均分）</td><td>教师评价</td></tr>
<tr><td rowspan="4">理论知识（45%）</td><td>了解轴类零件的基本知识</td><td>对知识的理解、掌握及接受新知识的能力
□优（10）□良（8）□中（6）□差（4）</td><td></td><td></td><td></td></tr>
<tr><td>掌握轴类零件的基本调试方法</td><td>根据工作任务，应用相关知识分析解决问题
□优（10）□良（8）□中（6）□差（4）</td><td></td><td></td><td></td></tr>
<tr><td>掌握轴类零件的装调方法</td><td>在教师的指导下，能够制定工作计划和方案并能够进行优化实施，完成工作任务单、计划和决策表、实施表、检查表、过程考核评价表的填写
□优（15）□良（12）□中（9）□差（7）</td><td></td><td></td><td></td></tr>
<tr><td>熟悉轴类零件的特点、功能和应用</td><td>根据任务要求完成任务载体
□优（10）□良（8）□中（6）□差（4）</td><td></td><td></td><td></td></tr>
<tr><td rowspan="4">实践操作（25%）</td><td>学会轴类零件的调整工作</td><td>在教师的指导下，借助学习资料，能够独立学习新知识和新技能，完成工作任务
□优（8）□良（7）□中（5）□差（3）</td><td></td><td></td><td></td></tr>
<tr><td>学会轴类零件的装调</td><td>在教师的指导下，独立解决工作中出现的各种问题，顺利完成工作任务
□优（7）□良（5）□中（3）□差（2）</td><td></td><td></td><td></td></tr>
<tr><td>学会轴类零件的装调步骤</td><td>通过教材、网络、期刊、专业书籍、技术手册等获取信息，整理资料，获取所需知识
□优（5）□良（3）□中（2）□差（1）</td><td></td><td></td><td></td></tr>
<tr><td>整体工作能力</td><td>根据工作任务，制定、实施工作计划和方案、任务完成情况及汇报
□优（5）□良（3）□中（2）□差（1）</td><td></td><td></td><td></td></tr>
</table>

安全文明（15%）	遵守操作规程	工作过程中，团队成员之间相互监督，严格遵守操作规程，提高安全意识 □优（5）□良（3）□中（2）□差（1）			
	职业素质规范化养成	具有批评、自我管理和工作任务的组织管理能力 □优（5）□良（3）□中（2）□差（1）			
	7S 整理	养成良好的整理习惯 □优（5）□良（3）□中（2）□差（1）			
学习态度（15%）	考勤情况	出勤情况良好，并积极投入到课程互动中去 □优（5）□良（3）□中（2）□差（1）			
	遵守实习纪律	具有良好的工作责任心、社会责任心、团队责任心（学习、纪律、出勤、卫生）、职业道德和吃苦能力 □优（5）□良（3）□中（2）□差（1）			
	团队协作	工作过程中，团队成员之间相互沟通、交流、协作、互帮互学，具备良好的群体意识 □优（5）□良（3）□中（2）□差（1）			
总　分					

子学习情境 5.2　键零件的装调

键零件的装调计划和决策表案例

情　境	减速器及其零部件的装调					
学习任务	子学习情境 5.2：键零件的装调				完成时间	
任务完成人	学习小组		组长		成员	
需要学习的知识和技能	键零件直线度误差的检查与校正					
小组任务分配（以四人为一小组单位）	小组任务	任务准备	管理学习	管理出勤、纪律	管理卫生	
	个人职责	准备并检查所需的拆装工具和测量仪器	认真努力学习并管理帮助小组成员	记录考勤并管理小组成员纪律	组织值日并管理卫生	
	小组成员					
完成工作任务的计划	1．利用 4 学时学习键零件装调的知识与技能 2．利用 1 学时制定工作任务的初步方案和最终方案 3．利用 4 学时进行键零件的拆、装、调 4．利用 2 学时制作任务汇报 PPT、填写工作任务单、计划和决策表、实施表、检查表、过程考核评价表					
完成任务载体的步骤	1．检查技术文件、图样和零件的完备情况 2．根据装配图样和技术要求确定装配任务和装配工艺 3．根据装配任务和装配工艺选择合适的工量具，工量具摆放整齐，装配前量具要校正 4．对装配的零部件进行清理、清洗，去掉零部件上的毛刺、铁锈、切屑、油污等 5．清理安装面：安装前务必用油石和棉布等清除安装面上的加工毛刺和污物 6．装配完成					

工作任务的初步方案	方案一： 1. 看图纸找基准 2. 按图纸要求进行装配 3. 进行键零件的精度调整 方案二： 1. 去除键槽的锐边及毛刺 2. 试装轴和轴上的配件 3. 修配平键与键槽宽度的配合精度 4. 修锉平键半圆头 5. 安装相应配件
工作任务的最终方案	工作任务的最终方案为工作任务的初步方案中的方案二

键零件的装调计划和决策表

情　　境							
学 习 任 务						完成时间	
任务完成人	学习小组		组长		成员		
需要学习的知识和技能							
小组任务分配（以四人为一小组单位）	小组任务	任务准备	管理学习		管理出勤、纪律	管理卫生	
	个人职责	准备并检查所需的拆装工具和测量仪器	认真努力学习并热情辅导小组成员		记录考勤并管理小组成员纪律	组织值日并管理卫生	
	小组成员						
完成工作任务的计划							
完成任务载体的装配和测量步骤							
工作任务的初步方案							
工作任务的最终方案							

键零件的装调任务实施表案例

情　　境	减速器及其零部件的装调					
学 习 任 务	子学习情境 5.2：键零件的装调				完成时间	
任务完成人	学习小组		组长		成员	
应用获得的知识和技能，根据任务载体进行键零件的装调						
 图 4.6　键						

键零件的装调任务实施表

情　　境						
学 习 任 务					完成时间	
任务完成人	学习小组		组长		成员	
应用获得的知识和技能，根据任务载体进行键零件的装调，并保证精度要求						

键零件的装调任务检查表

情　　境						
学 习 任 务					完成时间	
任务完成人	学习小组		组长		成员	
是否符合国家机械装配标准（写出不符合之处）						

掌握知识和技能的情况	
拆装步骤是否合理（写出不合理之处）	
需要补缺的知识和技能	
任务汇报 PPT 完成情况和情境学习表现及改进	

键零件的装调过程考核评价表

<table>
<tr><td>情　　境</td><td colspan="7"></td></tr>
<tr><td>学 习 任 务</td><td colspan="4"></td><td>完成时间</td><td colspan="2"></td></tr>
<tr><td>任务完成人</td><td>学习小组</td><td></td><td>组长</td><td></td><td>成员</td><td colspan="2"></td></tr>
<tr><td rowspan="2">评价项目</td><td rowspan="2">评价内容</td><td rowspan="2">评价标准</td><td colspan="3">得分</td></tr>
<tr><td>自评</td><td>互评（组内互评，取平均分）</td><td>教师评价</td></tr>
<tr><td rowspan="4">理论知识
（45%）</td><td>了解键零件的基本知识</td><td>对知识的理解、掌握及接受新知识的能力
□优（10）□良（8）□中（6）□差（4）</td><td></td><td></td><td></td></tr>
<tr><td>掌握键零件的基本调试方法</td><td>根据工作任务，应用相关知识分析解决问题
□优（10）□良（8）□中（6）□差（4）</td><td></td><td></td><td></td></tr>
<tr><td>掌握键零件的装调方法</td><td>在教师的指导下，能够制定工作计划和方案并能够进行优化实施，完成工作任务单、计划和决策表、实施表、检查表、过程考核评价表的填写
□优（15）□良（12）□中（9）□差（7）</td><td></td><td></td><td></td></tr>
<tr><td>熟悉键零件的特点、功能和应用</td><td>根据任务要求完成任务载体
□优（10）□良（8）□中（6）□差（4）</td><td></td><td></td><td></td></tr>
<tr><td rowspan="4">实践操作
（25%）</td><td>学会键零件的调整工作</td><td>在教师的指导下，借助学习资料，能够独立学习新知识和新技能，完成工作任务
□优（8）□良（7）□中（5）□差（3）</td><td></td><td></td><td></td></tr>
<tr><td>学会键零件的拆卸方法</td><td>在教师的指导下，独立解决工作中出现的各种问题，顺利完成工作任务
□优（7）□良（5）□中（3）□差（2）</td><td></td><td></td><td></td></tr>
<tr><td>学会键零件的装调步骤</td><td>通过教材、网络、期刊、专业书籍、技术手册等获取信息，整理资料，获取所需知识
□优（5）□良（3）□中（2）□差（1）</td><td></td><td></td><td></td></tr>
<tr><td>整体工作能力</td><td>根据工作任务，制定、实施工作计划和方案、任务完成情况及汇报
□优（5）□良（3）□中（2）□差（1）</td><td></td><td></td><td></td></tr>
</table>

<table>
<tr><td rowspan="3">安全文明（15%）</td><td>遵守操作规程</td><td>工作过程中，团队成员之间相互监督，严格遵守操作规程，提高安全意识
□优（5）□良（3）□中（2）□差（1）</td><td></td><td></td><td></td></tr>
<tr><td>职业素质规范化养成</td><td>具有批评、自我管理和工作任务的组织管理能力
□优（5）□良（3）□中（2）□差（1）</td><td></td><td></td><td></td></tr>
<tr><td>7S 整理</td><td>养成良好的整理习惯
□优（5）□良（3）□中（2）□差（1）</td><td></td><td></td><td></td></tr>
<tr><td rowspan="3">学习态度（15%）</td><td>考勤情况</td><td>出勤情况良好，并积极投入到课程互动中去
□优（5）□良（3）□中（2）□差（1）</td><td></td><td></td><td></td></tr>
<tr><td>遵守实习纪律</td><td>具有良好的工作责任心、社会责任心、团队责任心（学习、纪律、出勤、卫生）、职业道德和吃苦能力
□优（5）□良（3）□中（2）□差（1）</td><td></td><td></td><td></td></tr>
<tr><td>团队协作</td><td>工作过程中，团队成员之间相互沟通、交流、协作、互帮互学，具备良好的群体意识
□优（5）□良（3）□中（2）□差（1）</td><td></td><td></td><td></td></tr>
<tr><td colspan="3">总　　分</td><td></td><td></td><td></td></tr>
</table>

子学习情境 5.3　销零件的装调

销零件的装调计划和决策表案例

<table>
<tr><td>情　　境</td><td colspan="5">减速器及其零部件的装调</td></tr>
<tr><td>学习任务</td><td colspan="3">子学习情境 5.3：销零件的装调</td><td>完成时间</td><td></td></tr>
<tr><td>任务完成人</td><td>学习小组</td><td></td><td>组长</td><td></td><td>成员</td></tr>
<tr><td>需要学习的知识和技能</td><td colspan="5">1．销零件的工作原理、运动特点、功能和应用
2．销零件的装调方法</td></tr>
<tr><td rowspan="3">小组任务分配（以四人为一小组单位）</td><td>小组任务</td><td>任务准备</td><td>管理学习</td><td>管理出勤、纪律</td><td>管理卫生</td></tr>
<tr><td>个人职责</td><td>准备并检查所需的拆装工具和测量仪器</td><td>认真努力学习并管理帮助小组成员</td><td>记录考勤并管理小组成员纪律</td><td>组织值日并管理卫生</td></tr>
<tr><td>小组成员</td><td></td><td></td><td></td><td></td></tr>
<tr><td>完成工作任务的计划</td><td colspan="5">1．利用 2 学时学习销零件装调的知识与技能
2．利用 1 学时制定工作任务的初步方案和最终方案
3．利用 4 学时进行销零件的拆、装、调
4．利用 2 学时制作任务汇报 PPT、填写工作任务单、计划和决策表、实施表、检查表、过程考核评价表</td></tr>
<tr><td>完成任务载体的步骤</td><td colspan="5">1．检查技术文件、图样和零件的完备情况
2．根据装配图样和技术要求确定装配任务和装配工艺
3．根据装配任务和装配工艺选择合适的工量具，工量具摆放整齐，装配前量具要校正
4．对装配的零部件进行清理、清洗，去掉零部件上的毛刺、铁锈、切屑、油污等。
5．清理安装面：安装前务必用油石和棉布等清除安装面上的加工毛刺和污物
6．装配完成</td></tr>
</table>

<table>
<tr><td>工作任务的初步方案</td><td>方案一：
1．看图纸找基准
2．按图纸要求进行装配
3．进行各机构的精度调整
方案二：
1．清理安装面
2．试安装配合工件
3．将两工件的定位孔的中心点调整到一条直线上
4．安装定位销</td></tr>
<tr><td>工作任务的最终方案</td><td>工作任务的最终方案为工作任务的初步方案中的方案二</td></tr>
</table>

销零件的装调计划和决策表

<table>
<tr><td>情　　境</td><td colspan="6"></td></tr>
<tr><td>学习任务</td><td colspan="4"></td><td>完成时间</td><td></td></tr>
<tr><td>任务完成人</td><td>学习小组</td><td></td><td>组长</td><td></td><td>成员</td><td></td></tr>
<tr><td>需要学习的知识和技能</td><td colspan="6"></td></tr>
<tr><td rowspan="3">小组任务分配（以四人为一小组单位）</td><td>小组任务</td><td>任务准备</td><td>管理学习</td><td>管理出勤、纪律</td><td colspan="2">管理卫生</td></tr>
<tr><td>个人职责</td><td>准备并检查所需的拆装工具和测量仪器</td><td>认真努力学习并热情辅导小组成员</td><td>记录考勤并管理小组成员纪律</td><td colspan="2">组织值日并管理卫生</td></tr>
<tr><td>小组成员</td><td></td><td></td><td></td><td colspan="2"></td></tr>
<tr><td>完成工作任务的计划</td><td colspan="6"></td></tr>
<tr><td>完成任务载体的装调步骤</td><td colspan="6"></td></tr>
<tr><td>工作任务的初步方案</td><td colspan="6"></td></tr>
<tr><td>工作任务的最终方案</td><td colspan="6"></td></tr>
</table>

销零件的装调任务实施表案例

情　　境	减速器及其零部件的装调					
学习任务	子学习情境 5.3：销零件的装调				完成时间	
任务完成人	学习小组		组长		成员	
应用获得的知识和技能，根据任务载体进行销零件的装调						
图 4.7　销						

销零件的装调任务实施表

情　　境						
学习任务					完成时间	
任务完成人	学习小组		组长		成员	
应用获得的知识和技能，根据任务载体进行销零件的装调，并保证精度要求						

检查评估

销零件的装调任务检查表

情　　境						
学习任务					完成时间	
任务完成人	学习小组		组长		成员	
是否符合国家机械装配标准（写出不符合之处）						

掌握知识和技能的情况	
装调步骤是否合理（写出不合理之处）	
需要补缺的知识和技能	
任务汇报 PPT 完成情况和情境学习表现及改进	

销零件的装调过程考核评价表

<table>
<tr><td>情　　境</td><td colspan="7"></td></tr>
<tr><td>学 习 任 务</td><td colspan="4"></td><td>完成时间</td><td colspan="2"></td></tr>
<tr><td>任务完成人</td><td>学习小组</td><td>组长</td><td></td><td>成员</td><td colspan="3"></td></tr>
<tr><td rowspan="2">评价项目</td><td rowspan="2">评价内容</td><td rowspan="2" colspan="3">评价标准</td><td colspan="3">得分</td></tr>
<tr><td>自评</td><td>互评（组内互评，取平均分）</td><td>教师评价</td></tr>
<tr><td rowspan="4">理论知识（45%）</td><td>了解销零件的结构及工作原理</td><td colspan="3">对知识的理解、掌握及接受新知识的能力
□优（10）□良（8）□中（6）□差（4）</td><td></td><td></td><td></td></tr>
<tr><td>掌握销零件的基本调试方法</td><td colspan="3">根据工作任务，应用相关知识分析解决问题
□优（10）□良（8）□中（6）□差（4）</td><td></td><td></td><td></td></tr>
<tr><td>掌握各零部件的装调方法</td><td colspan="3">在教师的指导下，能够制定工作计划和方案并能够进行优化实施，完成工作任务单、计划和决策表、实施表、检查表、过程考核评价表的填写
□优（15）□良（12）□中（9）□差（7）</td><td></td><td></td><td></td></tr>
<tr><td>熟悉销零件的特点、功能和应用</td><td colspan="3">根据任务要求完成任务载体
□优（10）□良（8）□中（6）□差（4）</td><td></td><td></td><td></td></tr>
<tr><td rowspan="4">实践操作（25%）</td><td>学会销零件调整工作</td><td colspan="3">在教师的指导下，借助学习资料，能够独立学习新知识和新技能，完成工作任务
□优（8）□良（7）□中（5）□差（3）</td><td></td><td></td><td></td></tr>
<tr><td>学会销零件机构的装调</td><td colspan="3">在教师的指导下，独立解决工作中出现的各种问题，顺利完成工作任务
□优（7）□良（5）□中（3）□差（2）</td><td></td><td></td><td></td></tr>
<tr><td>学会销零件整体的装调步骤</td><td colspan="3">通过教材、网络、期刊、专业书籍、技术手册等获取信息，整理资料，获取所需知识
□优（5）□良（3）□中（2）□差（1）</td><td></td><td></td><td></td></tr>
<tr><td>整体工作能力</td><td colspan="3">根据工作任务，制定、实施工作计划和方案、任务完成情况及汇报
□优（5）□良（3）□中（2）□差（1）</td><td></td><td></td><td></td></tr>
</table>

安全文明（15%）	遵守操作规程	工作过程中，团队成员之间相互监督，严格遵守操作规程，提高安全意识 □优（5）□良（3）□中（2）□差（1）			
	职业素质规范化养成	具有批评、自我管理和工作任务的组织管理能力 □优（5）□良（3）□中（2）□差（1）			
	7S 整理	养成良好的整理习惯 □优（5）□良（3）□中（2）□差（1）			
学习态度（15%）	考勤情况	出勤情况良好，并积极投入到课程互动中去 □优（5）□良（3）□中（2）□差（1）			
	遵守实习纪律	具有良好的工作责任心、社会责任心、团队责任心（学习、纪律、出勤、卫生）、职业道德和吃苦能力 □优（5）□良（3）□中（2）□差（1）			
	团队协作	工作过程中，团队成员之间相互沟通、交流、协作、互帮互学，具备良好的群体意识 □优（5）□良（3）□中（2）□差（1）			
总　　分					

子学习情境 5.4　常用减速器的装调

常用减速器的装调计划和决策表案例

情　　境	减速器及其零部件的装调					
学习任务	子学习情境 5.4：常用减速器的装调				完成时间	
任务完成人	学习小组		组长		成员	
需要学习的知识和技能	1．减速器的工作原理、运动特点、功能和应用 2．减速器的装调方法					
小组任务分配（以四人为一小组单位）	小组任务	任务准备	管理学习	管理出勤、纪律	管理卫生	
	个人职责	准备并检查所需的拆装工具和测量仪器	认真努力学习并管理帮助小组成员	记录考勤并管理小组成员纪律	组织值日并管理卫生	
	小组成员					
完成工作任务的计划	1．利用 2 学时学习减速器装调的知识与技能 2．利用 1 学时制定工作任务的初步方案和最终方案 3．利用 6 学时进行减速器的拆、装、调 4．利用 2 学时制作任务汇报 PPT、填写工作任务单、计划和决策表、实施表、检查表、过程考核评价表					
完成任务载体的步骤	1．检查技术文件、图样和零件的完备情况 2．根据装配图样和技术要求确定装配任务和装配工艺 3．根据装配任务和装配工艺选择合适的工量具，工量具摆放整齐，装配前量具要校正 4．对装配的零部件进行清理、清洗，去掉零部件上的毛刺、铁锈、切屑、油污等。 5．清理安装面：安装前务必用油石和棉布等清除安装面上的加工毛刺和污物 6．装配完成					

工作任务的初步方案	方案一： 1．看图纸找基准 2．按图纸要求进行装配 3．进行各机构的精度调整 方案二： 1．准备：修锉箱盖、轴承盖等外观表面的锐角、毛刺、碰撞痕迹 2．预装：有配合要求的轴与齿轮、键等通常需要预装或修配键，间隙调整处需要配调整垫，确定其厚度 3．轴承盖和毛毡的装配：将已经加工好的毛毡塞入轴承盖密封槽内 4．轴承套与轴承外圈的装配：用专用量具分别检查轴承套空及轴承外圈尺寸，再涂上机油；以轴承套为基准，将轴承外圈压入孔内至底面 5．锥齿轮轴组件装配：锥齿轮轴组件的径向尺寸小于箱体孔的直径，可以在体外组装后再装进箱内 6．总装：零、组件必须准确安装，符合图样规定。固定联接件必须保证将零、组件紧固在一起。旋转机构比较灵活，轴承间隙合适。啮合零件的啮合必须符合图样要求
工作任务的最终方案	工作任务的最终方案为工作任务的初步方案中的方案二

常用减速器的装调计划和决策表

情　　境						
学 习 任 务					完成时间	
任务完成人	学习小组		组长		成员	
需要学习的知识和技能						
小组任务分配（以四人为一小组单位）	小组任务	任务准备	管理学习	管理出勤、纪律	管理卫生	
	个人职责	准备并检查所需的拆装工具和测量仪器	认真努力学习并热情辅导小组成员	记录考勤并管理小组成员纪律	组织值日并管理卫生	
	小组成员					
完成工作任务的计划						
完成任务载体的装调步骤						
工作任务的初步方案						

工作任务的最终方案	

常用减速器的装调任务实施表案例

情　　境	减速器及其零部件的装调					
学 习 任 务	子学习情境 5.4：常用减速器的装调				完成时间	
任务完成人	学习小组		组长		成员	
应用获得的知识和技能，根据任务载体进行常用减速器的装调						

常用减速器的装调任务实施表

情　　境						
学 习 任 务					完成时间	
任务完成人	学习小组		组长		成员	
应用获得的知识和技能，根据任务载体进行常用减速器的装调，并保证精度要求						

常用减速器的装调任务检查表

<table>
<tr><td>情　　境</td><td colspan="6"></td></tr>
<tr><td>学习任务</td><td colspan="4"></td><td>完成时间</td><td></td></tr>
<tr><td>任务完成人</td><td>学习小组</td><td></td><td>组长</td><td></td><td>成员</td><td></td></tr>
<tr><td colspan="2">是否符合国家机械装配标准（写出不符合之处）</td><td colspan="5"></td></tr>
<tr><td colspan="2">掌握知识和技能的情况</td><td colspan="5"></td></tr>
<tr><td colspan="2">装调步骤是否合理（写出不合理之处）</td><td colspan="5"></td></tr>
<tr><td colspan="2">需要补缺的知识和技能</td><td colspan="5"></td></tr>
<tr><td colspan="2">任务汇报 PPT 完成情况和情境学习表现及改进</td><td colspan="5"></td></tr>
</table>

常用减速器的装调过程考核评价表

<table>
<tr><td>情　　境</td><td colspan="5"></td></tr>
<tr><td>学习任务</td><td colspan="3"></td><td>完成时间</td><td></td></tr>
<tr><td>任务完成人</td><td>学习小组</td><td>组长</td><td>成员</td><td colspan="2"></td></tr>
<tr><td rowspan="2">评价项目</td><td rowspan="2">评价内容</td><td rowspan="2">评价标准</td><td colspan="3">得分</td></tr>
<tr><td>自评</td><td>互评（组内互评，取平均分）</td><td>教师评价</td></tr>
<tr><td rowspan="4">理论知识（45%）</td><td>了解常用减速器的整体结构及工作原理</td><td>对知识的理解、掌握及接受新知识的能力
□优（10）□良（8）□中（6）□差（4）</td><td></td><td></td><td></td></tr>
<tr><td>掌握常用减速器的基本调试方法</td><td>根据工作任务，应用相关知识分析解决问题
□优（10）□良（8）□中（6）□差（4）</td><td></td><td></td><td></td></tr>
<tr><td>掌握各零部件的装调方法</td><td>在教师的指导下，能够制定工作计划和方案并能够进行优化实施，完成工作任务单、计划和决策表、实施表、检查表、过程考核评价表的填写
□优（15）□良（12）□中（9）□差（7）</td><td></td><td></td><td></td></tr>
<tr><td>熟悉常用减速器的特点、功能和应用</td><td>根据任务要求完成任务载体
□优（10）□良（8）□中（6）□差（4）</td><td></td><td></td><td></td></tr>
</table>

实践操作（25%）	学会常用减速器的调整工作	在教师的指导下，借助学习资料，能够独立学习新知识和新技能，完成工作任务 □优（8）□良（7）□中（5）□差（3）			
	学会常用减速器机构的装调	在教师的指导下，独立解决工作中出现的各种问题，顺利完成工作任务 □优（7）□良（5）□中（3）□差（2）			
	学会常用减速器整体的装调步骤	通过教材、网络、期刊、专业书籍、技术手册等获取信息，整理资料，获取所需知识 □优（5）□良（3）□中（2）□差（1）			
	整体工作能力	根据工作任务，制定、实施工作计划和方案、任务完成情况及汇报 □优（5）□良（3）□中（2）□差（1）			
安全文明（15%）	遵守操作规程	工作过程中，团队成员之间相互监督，严格遵守操作规程，提高安全意识 □优（5）□良（3）□中（2）□差（1）			
	职业素质规范化养成	具有批评、自我管理和工作任务的组织管理能力 □优（5）□良（3）□中（2）□差（1）			
	7S 整理	养成良好的整理习惯 □优（5）□良（3）□中（2）□差（1）			
学习态度（15%）	考勤情况	出勤情况良好，并积极投入到课程互动中去 □优（5）□良（3）□中（2）□差（1）			
	遵守实习纪律	具有良好的工作责任心、社会责任心、团队责任心（学习、纪律、出勤、卫生）、职业道德和吃苦能力 □优（5）□良（3）□中（2）□差（1）			
	团队协作	工作过程中，团队成员之间相互沟通、交流、协作、互帮互学，具备良好的群体意识 □优（5）□良（3）□中（2）□差（1）			
总　分					

学习情境 6　二维工作台的装调

学习目标

- 掌握滚珠丝杆常见的支撑方式
- 掌握角接触轴承的常见安装方式和轴承的装配方法
- 掌握杠杆表、游标卡尺、深度游标卡尺、塞尺和直角尺的使用方法
- 学会利用铜棒和轴承装配工具进行装配
- 能够进行设备几何精度误差的准确测量和分析，并有效实施设备精度调整
- 具有对常见故障进行判断分析的能力
- 具有拆装典型二维工作台的能力

子学习情境 6.1　直线导轨副的装调

制定方案

直线导轨副的装调计划和决策表案例

<table>
<tr><td>情　　境</td><td colspan="6">二维工作台的装调</td></tr>
<tr><td>学 习 任 务</td><td colspan="4">子学习情境 6.1：直线导轨副的装调</td><td>完成时间</td><td></td></tr>
<tr><td>任务完成人</td><td>学习小组</td><td></td><td>组长</td><td></td><td>成员</td><td></td></tr>
<tr><td>需要学习的知识和技能</td><td colspan="6">1．装配直线导轨副的正确方法
2．对直线导轨副进行准确测量和分析，并实施设备精度调整</td></tr>
<tr><td rowspan="3">小组任务分配（以四人为一小组单位）</td><td>小组任务</td><td colspan="2">任务准备</td><td>管理学习</td><td>管理出勤、纪律</td><td>管理卫生</td></tr>
<tr><td>个人职责</td><td colspan="2">1．熟悉图纸和零件清单、装配任务
2．检查文件和零件完备情况
3．选择工量具
4．用清洁布清洗零件
5．螺钉、平垫片、弹簧垫圈等准备</td><td>认真努力学习并管理帮助小组成员</td><td>记录考勤并管理小组成员纪律</td><td>组织值日并管理卫生</td></tr>
<tr><td>小组成员</td><td colspan="2"></td><td></td><td></td><td></td></tr>
<tr><td>完成工作任务的计划</td><td colspan="6">1．利用 6 学时学习直线导轨副装调的知识和技能
2．利用 1 学时制定工作任务的初步方案和最终方案
3．利用 2 学时学会对直线导轨副准确测量和分析
4．利用 4 学时制作任务汇报 PPT、填写工作任务单、计划和决策表、实施表、检查表、过程考核评价表和完成任务跟踪训练</td></tr>
<tr><td>完成任务载体的步骤</td><td colspan="6">1．检查技术文件、图样和零件的完备情况
2．根据装配图样和技术要求确定装配任务和装配工艺
3．根据装配任务和装配工艺选择合适的工量具，工量具摆放整齐，装配前量具要校正
4．对装配的零部件进行清理、清洗，去掉零部件上的毛刺、铁锈、切屑、油污等
5．清理安装面：安装前务必用油石和棉布等清除安装面上的加工毛刺和污物
6．装配完成</td></tr>
</table>

工作任务的初步方案	方案一： 1．看图纸找基准 2．按图纸要求进行装配 3．进行导轨副的精度调整 方案二： 1．以底板的侧面为基准面 A，调整底板的方向，将基准面 A 朝向操作者，以便以此面为基准安装直线导轨 2．将直线导轨中的一根放到底板上，使导轨的两端靠在底板导轨定位基准块上。如果导轨由于固定孔位限制而不能靠在定位基准块上，则在导轨与定位基准块之间增加调整垫片，用 M4×16 的内六角螺钉预紧该直线导轨 3．按照导轨安装孔中心到基准面 A 的距离要求（用深度游标卡尺测量），调整直线导轨与导轨定位基准块之间的调整垫片使之达到图纸要求 4．将杠杆式百分表吸在直线导轨的滑块上，百分表的测量头接触在基准面 A 上，沿直线导轨滑动滑块，通过橡胶锤调整导轨，同时增减调整垫片的厚度，使得导轨与基准面之间的平行度符合要求，将导轨固定在底板上，并压紧导轨定位装置 5．将另一根直线导轨放到底板上，用内六角螺钉预紧此导轨，用游标卡尺测量两导轨之间的距离，通过调整导轨与导轨定位基准块之间的调整垫片，将两根导轨的距离调整到所要求的距离 6．以底板上安装好的导轨为基准，将杠杆式百分表吸在基准导轨的滑块上，百分表的测量头接触在另一根导轨的侧面，沿基准导轨滑动滑块，通过橡胶锤调整导轨，同时增减调整垫片的厚度，使得两导轨平行度符合要求，将导轨固定在底板上，并压紧导轨定位装置
工作任务的最终方案	工作任务的最终方案为工作任务的初步方案中的方案二

直线导轨副的装调计划和决策表

<table>
<tr><td>情　　境</td><td colspan="6"></td></tr>
<tr><td>学习任务</td><td colspan="4"></td><td>完成时间</td><td></td></tr>
<tr><td>任务完成人</td><td>学习小组</td><td></td><td>组长</td><td></td><td>成员</td><td></td></tr>
<tr><td>需要学习的知识和技能</td><td colspan="6"></td></tr>
<tr><td rowspan="3">小组任务分配（以四人为一小组单位）</td><td>小组任务</td><td>任务准备</td><td>管理学习</td><td>管理出勤、纪律</td><td colspan="2">管理卫生</td></tr>
<tr><td>个人职责</td><td>准备并检查所需的装调工具和量具</td><td>认真努力学习并热情辅导小组成员</td><td>记录考勤并管理小组成员纪律</td><td colspan="2">组织值日并管理卫生</td></tr>
<tr><td>小组成员</td><td></td><td></td><td></td><td colspan="2"></td></tr>
<tr><td>完成工作任务的计划</td><td colspan="6"></td></tr>
<tr><td>完成任务载体的装调步骤</td><td colspan="6"></td></tr>
</table>

工作任务的初步方案	
工作任务的最终方案	

任务实施

直线导轨副的装调任务实施表案例

情境	二维工作台的装调						
学习任务	子学习情境 6.1：直线导轨副的装调					完成时间	
任务完成人	学习小组		组长		成员		
应用获得的知识和技能，根据图纸对任务载体进行装调							
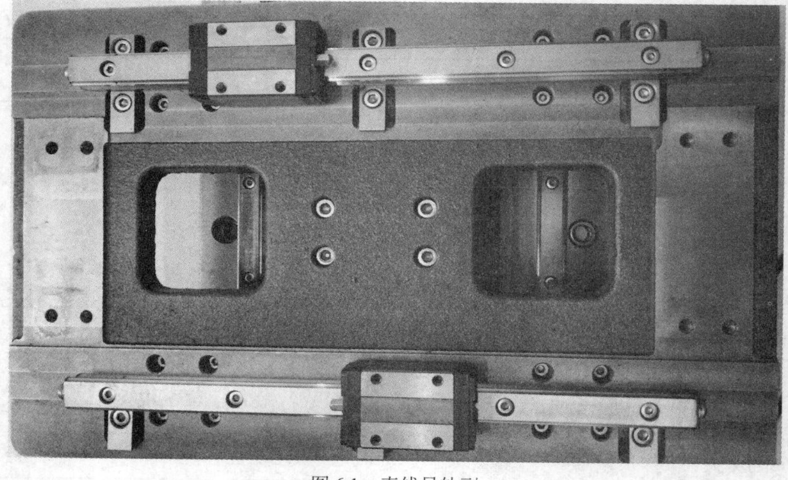 图 6.1 直线导轨副							

直线导轨副的装调任务实施表

情境							
学习任务						完成时间	
任务完成人	学习小组		组长		成员		
应用获得的知识和技能对直线导轨副进行装调，并保证精度要求							

直线导轨副的装调任务检查表

情　　境						
学习任务					完成时间	
任务完成人	学习小组		组长		成员	
是否符合国家装配标准（写出不符合之处）						
掌握知识和技能的情况						
装配是否合理（写出不合理之处）						
需要补缺的知识和技能						
任务汇报 PPT 完成情况和情境学习表现及改进						

直线导轨副的装调过程考核评价表

情　　境						
学习任务			完成时间			
任务完成人	学习小组		组长		成员	
评价项目	评价内容	评价标准	得分			
			自评	互评（组内互评，取平均分）	教师评价	
理论知识（45%）	了解导轨副的基本知识	对知识的理解、掌握及接受新知识的能力 □优（10）□良（8）□中（6）□差（4）				
	掌握导轨副的基本调试方法	根据工作任务，应用相关知识分析解决问题 □优（10）□良（8）□中（6）□差（4）				
	掌握导轨副的装调方法	在教师的指导下，能够制定工作计划和方案并能够进行优化实施，完成工作任务单、计划和决策表、实施表、检查表、过程考核评价表的填写 □优（15）□良（12）□中（9）□差（7）				
	熟悉导轨副的特点、功能和应用	根据任务要求完成任务载体 □优（10）□良（8）□中（6）□差（4）				

实践操作（25%）	学会直线导轨副的调整工作	在教师的指导下，借助学习资料，能够独立学习新知识和新技能，完成工作任务 □优（8）□良（7）□中（5）□差（3）			
	学会二维工作台机构的装调	在教师的指导下，独立解决工作中出现的各种问题，顺利完成工作任务 □优（7）□良（5）□中（3）□差（2）			
	学会导轨副的装调步骤	通过教材、网络、期刊、专业书籍、技术手册等获取信息，整理资料，获取所需知识 □优（5）□良（3）□中（2）□差（1）			
	整体工作能力	根据工作任务，制定、实施工作计划和方案、任务完成情况及汇报 □优（5）□良（3）□中（2）□差（1）			
安全文明（15%）	遵守操作规程	工作过程中，团队成员之间相互监督，严格遵守操作规程，提高安全意识 □优（5）□良（3）□中（2）□差（1）			
	职业素质规范化养成	具有批评、自我管理和工作任务的组织管理能力 □优（5）□良（3）□中（2）□差（1）			
	7S 整理	养成良好的整理习惯 □优（5）□良（3）□中（2）□差（1）			
学习态度（15%）	考勤情况	出勤情况良好，并积极投入到课程互动中去 □优（5）□良（3）□中（2）□差（1）			
	遵守实习纪律	具有良好的工作责任心、社会责任心、团队责任心（学习、纪律、出勤、卫生）、职业道德和吃苦能力 □优（5）□良（3）□中（2）□差（1）			
	团队协作	工作过程中，团队成员之间相互沟通、交流、协作、互帮互学，具备良好的群体意识 □优（5）□良（3）□中（2）□差（1）			
总　分					

子学习情境 6.2　丝杠螺母机构的装调

丝杠螺母机构的装调计划和决策表案例

情　　境	二维工作台的装调					
学习任务	子学习情境 6.2：丝杠螺母机构的装调				完成时间	
任务完成人	学习小组		组长		成员	
需要学习的知识和技能	1．丝杠直线度误差的检查与校正 2．丝杠螺母副配合间隙的测量与调整					
小组任务分配（以四人为一小组单位）	小组任务	任务准备	管理学习	管理出勤、纪律	管理卫生	
	个人职责	准备并检查所需的拆装工具和测量仪器	认真努力学习并管理帮助小组成员	记录考勤并管理小组成员纪律	组织值日并管理卫生	
	小组成员					

完成工作任务的计划	1．利用 4 学时学习丝杠螺母装调的知识与技能 2．利用 1 学时制定工作任务的初步方案和最终方案 3．利用 4 学时进行丝杠螺母的拆、装、调 4．利用 2 学时制作任务汇报 PPT、填写工作任务单、计划和决策表、实施表、检查表、过程考核评价表
完成任务载体的装调步骤	1．检查技术文件、图样和零件的完备情况 2．根据装配图样和技术要求确定装配任务和装配工艺 3．根据装配任务和装配工艺选择合适的工量具，工量具摆放整齐，装配前量具要校正 4．对装配的零部件进行清理、清洗，去掉零部件上的毛刺、铁锈、切屑、油污等 5．清理安装面：安装前务必用油石和棉布等清除安装面上的加工毛刺和污物 6．装配完成
工作任务的初步方案	方案一： 1．看图纸找基准 2．按图纸要求进行装配 3．进行丝杠螺母机构的精度调整 方案二： 1．用内六角螺钉将螺母支座固定在丝杆的螺母上 2．利用轴承安装工具、铜棒、卡簧钳等工具将端盖、轴承内隔圈、轴承外隔圈、角接触轴承、轴用卡簧、轴承分别安装在丝杆的相应位置 3．将轴承和轴承座分别安装在丝杆上，用内六角螺钉将端盖和轴承座固定。注：通过测量轴承与端盖之间的间隙选择相应的调整垫片 4．用内六角螺钉将轴承座预紧在底板上。在丝杆主动端安装限位套管、圆螺母、齿轮、轴端挡圈、外六角螺钉和键 5．分别将丝杆螺母移动到丝杆的两端，用杠杆表判断两轴承座的中心高是否相等，通过在轴承座下加入相应的调整垫片使两轴承座的中心高相等 6．分别将丝杆螺母移动到丝杆的两端，同时将杠杆式百分表吸在直线导轨滑块上，杠杆式百分表测量头接触在丝杆螺母上，沿直线导轨滑动滑块，通过橡胶锤调整轴承座，使丝杆与直线导轨平行
工作任务的最终方案	工作任务的最终方案为工作任务的初步方案中的方案二

丝杠螺母机构的装调计划和决策表

<table>
<tr><td>情　境</td><td colspan="7"></td></tr>
<tr><td>学 习 任 务</td><td colspan="5"></td><td>完成时间</td><td></td></tr>
<tr><td>任务完成人</td><td>学习小组</td><td></td><td>组长</td><td></td><td>成员</td><td colspan="2"></td></tr>
<tr><td>需要学习的知识和技能</td><td colspan="7"></td></tr>
<tr><td rowspan="3">小组任务分配（以四人为一小组单位）</td><td>小组任务</td><td>任务准备</td><td>管理学习</td><td colspan="2">管理出勤、纪律</td><td colspan="2">管理卫生</td></tr>
<tr><td>个人职责</td><td>准备并检查所需的拆装工具和测量仪器</td><td>认真努力学习并热情辅导小组成员</td><td colspan="2">记录考勤并管理小组成员纪律</td><td colspan="2">组织值日并管理卫生</td></tr>
<tr><td>小组成员</td><td></td><td></td><td colspan="2"></td><td colspan="2"></td></tr>
<tr><td>完成工作任务的计划</td><td colspan="7"></td></tr>
</table>

完成任务载体的装调步骤	
工作任务的初步方案	
工作任务的最终方案	

任务实施

丝杠螺母机构的装调任务实施表案例

<table>
<tr><td>情　　境</td><td colspan="6">二维工作台的装调</td></tr>
<tr><td>学 习 任 务</td><td colspan="4">子学习情境 6.2：丝杠螺母机构的装调</td><td>完成时间</td><td></td></tr>
<tr><td>任务完成人</td><td>学习小组</td><td></td><td>组长</td><td></td><td>成员</td><td></td></tr>
<tr><td colspan="7">应用获得的知识和技能，根据任务载体进行丝杠螺母机构的装调</td></tr>
<tr><td colspan="7">
图 6.2　丝杠螺母机构</td></tr>
</table>

丝杠螺母机构的装调任务实施表

<table>
<tr><td>情　　境</td><td colspan="6"></td></tr>
<tr><td>学习任务</td><td colspan="4"></td><td>完成时间</td><td></td></tr>
<tr><td>任务完成人</td><td>学习小组</td><td></td><td>组长</td><td></td><td>成员</td><td></td></tr>
<tr><td colspan="7">应用获得的知识和技能，根据任务载体进行丝杠螺母机构的装调，并保证精度要求</td></tr>
<tr><td colspan="7"></td></tr>
</table>

丝杠螺母机构的装调任务检查表

<table>
<tr><td>情　　境</td><td colspan="6"></td></tr>
<tr><td>学习任务</td><td colspan="4"></td><td>完成时间</td><td></td></tr>
<tr><td>任务完成人</td><td>学习小组</td><td></td><td>组长</td><td></td><td>成员</td><td></td></tr>
<tr><td colspan="2">是否符合国家机械装配标准（写出不符合之处）</td><td colspan="5"></td></tr>
<tr><td colspan="2">掌握知识和技能的情况</td><td colspan="5"></td></tr>
<tr><td colspan="2">拆装步骤是否合理（写出不合理之处）</td><td colspan="5"></td></tr>
<tr><td colspan="2">需要补缺的知识和技能</td><td colspan="5"></td></tr>
<tr><td colspan="2">任务汇报 PPT 完成情况和情境学习表现及改进</td><td colspan="5"></td></tr>
</table>

丝杠螺母机构的装调过程考核评价表

<table>
<tr><td>情　　境</td><td colspan="6"></td></tr>
<tr><td>学习任务</td><td colspan="3"></td><td>完成时间</td><td colspan="2"></td></tr>
<tr><td>任务完成人</td><td>学习小组</td><td>组长</td><td>成员</td><td colspan="3"></td></tr>
<tr><td rowspan="2">评价项目</td><td rowspan="2">评价内容</td><td rowspan="2" colspan="2">评价标准</td><td colspan="3">得分</td></tr>
<tr><td>自评</td><td>互评（组内互评，取平均分）</td><td>教师评价</td></tr>
<tr><td rowspan="4">理论知识（45%）</td><td>了解丝杠螺母机构的基本知识</td><td colspan="2">对知识的理解、掌握及接受新知识的能力
□优（10）□良（8）□中（6）□差（4）</td><td></td><td></td><td></td></tr>
<tr><td>掌握丝杠螺母机构的基本调试方法</td><td colspan="2">根据工作任务，应用相关知识分析解决问题
□优（10）□良（8）□中（6）□差（4）</td><td></td><td></td><td></td></tr>
<tr><td>掌握丝杠螺母机构的装调方法</td><td colspan="2">在教师的指导下，能够制定工作计划和方案并能够进行优化实施，完成工作任务单、计划和决策表、实施表、检查表、过程考核评价表的填写
□优（15）□良（12）□中（9）□差（7）</td><td></td><td></td><td></td></tr>
<tr><td>熟悉丝杠螺母机构的特点、功能和应用</td><td colspan="2">根据任务要求完成任务载体
□优（10）□良（8）□中（6）□差（4）</td><td></td><td></td><td></td></tr>
<tr><td rowspan="4">实践操作（25%）</td><td>学会丝杠螺母机构的调整工作</td><td colspan="2">在教师的指导下，借助学习资料，能够独立学习新知识和新技能，完成工作任务
□优（8）□良（7）□中（5）□差（3）</td><td></td><td></td><td></td></tr>
<tr><td>学会丝杠螺母机构的拆卸方法</td><td colspan="2">在教师的指导下，独立解决工作中出现的各种问题，顺利完成工作任务
□优（7）□良（5）□中（3）□差（2）</td><td></td><td></td><td></td></tr>
<tr><td>学会丝杠螺母机构的装调步骤</td><td colspan="2">通过教材、网络、期刊、专业书籍、技术手册等获取信息，整理资料，获取所需知识
□优（5）□良（3）□中（2）□差（1）</td><td></td><td></td><td></td></tr>
<tr><td>整体工作能力</td><td colspan="2">根据工作任务，制定、实施工作计划和方案、任务完成情况及汇报
□优（5）□良（3）□中（2）□差（1）</td><td></td><td></td><td></td></tr>
<tr><td rowspan="3">安全文明（15%）</td><td>遵守操作规程</td><td colspan="2">工作过程中，团队成员之间相互监督，严格遵守操作规程，提高安全意识
□优（5）□良（3）□中（2）□差（1）</td><td></td><td></td><td></td></tr>
<tr><td>职业素质规范化养成</td><td colspan="2">具有批评、自我管理和工作任务的组织管理能力
□优（5）□良（3）□中（2）□差（1）</td><td></td><td></td><td></td></tr>
<tr><td>7S 整理</td><td colspan="2">养成良好的整理习惯
□优（5）□良（3）□中（2）□差（1）</td><td></td><td></td><td></td></tr>
<tr><td rowspan="3">学习态度（15%）</td><td>考勤情况</td><td colspan="2">出勤情况良好，并积极投入到课程互动中去
□优（5）□良（3）□中（2）□差（1）</td><td></td><td></td><td></td></tr>
<tr><td>遵守实习纪律</td><td colspan="2">具有良好的工作责任心、社会责任心、团队责任心（学习、纪律、出勤、卫生）、职业道德和吃苦能力
□优（5）□良（3）□中（2）□差（1）</td><td></td><td></td><td></td></tr>
<tr><td>团队协作</td><td colspan="2">工作过程中，团队成员之间相互沟通、交流、协作、互帮互学，具备良好的群体意识
□优（5）□良（3）□中（2）□差（1）</td><td></td><td></td><td></td></tr>
<tr><td colspan="4">总　　分</td><td></td><td></td><td></td></tr>
</table>

子学习情境 6.3　二维工作台的整体装调

二维工作台的整体装调计划和决策表案例

情　　境	二维工作台的装调					
学 习 任 务	子学习情境 6.3：二维工作台的整体装调				完成时间	
任务完成人	学习小组		组长		成员	
需要学习的知识和技能	1．滚珠丝杠螺母机构的工作原理、运动特点、功能和应用 2．二维工作台的结构和装调方法					
小组任务分配（以四人为一小组单位）	小组任务	任务准备	管理学习	管理出勤、纪律	管理卫生	
	个人职责	准备并检查所需的拆装工具和测量仪器	认真努力学习并管理帮助小组成员	记录考勤并管理小组成员纪律	组织值日并管理卫生	
	小组成员					
完成工作任务的计划	1．利用 2 学时学习二维工作台整体装调的知识与技能 2．利用 1 学时制定工作任务的初步方案和最终方案 3．利用 6 学时进行二维工作台整体的拆、装、调 4．利用 2 学时制作任务汇报 PPT、填写工作任务单、计划和决策表、实施表、检查表、过程考核评价表					
完成任务载体的步骤	1．检查技术文件、图样和零件的完备情况 2．根据装配图样和技术要求确定装配任务和装配工艺 3．根据装配任务和装配工艺选择合适的工量具，工量具摆放整齐，装配前量具要校正 4．对装配的零部件进行清理、清洗，去掉零部件上的毛刺、铁锈、切屑、油污等 5．清理安装面：安装前务必用油石和棉布等清除安装面上的加工毛刺和污物 6．装配完成					
工作任务的初步方案	方案一： 1．看图纸找基准 2．按图纸要求进行装配 3．进行各机构的精度调整 方案二： 1．清理安装面 2．安装直线导轨 3．安装丝杠 4．安装中滑板及直线导轨 5．安装丝杆 6．安装上滑板					
工作任务的最终方案	工作任务的最终方案为工作任务的初步方案中的方案二					

二维工作台的整体装调计划和决策表

情　　境						
学 习 任 务					完成时间	
任务完成人	学习小组		组长		成员	

<table>
<tr><td>需要学习的知识和技能</td><td colspan="5"></td></tr>
<tr><td rowspan="3">小组任务分配（以四人为一小组单位）</td><td>小组任务</td><td>任务准备</td><td>管理学习</td><td>管理出勤、纪律</td><td>管理卫生</td></tr>
<tr><td>个人职责</td><td>准备并检查所需的拆装工具和测量仪器</td><td>认真努力学习并热情辅导小组成员</td><td>记录考勤并管理小组成员纪律</td><td>组织值日并管理卫生</td></tr>
<tr><td>小组成员</td><td></td><td></td><td></td><td></td></tr>
<tr><td>完成工作任务的计划</td><td colspan="5"></td></tr>
<tr><td>完成任务载体的装调步骤</td><td colspan="5"></td></tr>
<tr><td>工作任务的初步方案</td><td colspan="5"></td></tr>
<tr><td>工作任务的最终方案</td><td colspan="5"></td></tr>
</table>

任务实施

二维工作台的整体装调任务实施表案例

<table>
<tr><td>情　　境</td><td colspan="6">二维工作台的装调</td></tr>
<tr><td>学 习 任 务</td><td colspan="4">子学习情境 6.3：二维工作台的整体装调</td><td>完成时间</td><td></td></tr>
<tr><td>任务完成人</td><td>学习小组</td><td></td><td>组长</td><td></td><td>成员</td><td></td></tr>
</table>

应用获得的知识和技能，根据任务载体进行二维工作台的整体装调
 图 6.2　二维工作台

二维工作台的整体装调任务实施表

情　　境							
学习任务						完成时间	
任务完成人	学习小组		组长		成员		
应用获得的知识和技能，根据任务载体进行二维工作台的整体装调，并保证精度要求							

二维工作台的整体装调任务检查表

<table>
<tr><td>情　　境</td><td colspan="6"></td></tr>
<tr><td>学 习 任 务</td><td colspan="4"></td><td>完成时间</td><td></td></tr>
<tr><td>任务完成人</td><td>学习小组</td><td></td><td>组长</td><td></td><td>成员</td><td></td></tr>
<tr><td colspan="2">是否符合国家机械装配标准（写出不符合之处）</td><td colspan="5"></td></tr>
<tr><td colspan="2">掌握知识和技能的情况</td><td colspan="5"></td></tr>
<tr><td colspan="2">装调步骤是否合理（写出不合理之处）</td><td colspan="5"></td></tr>
<tr><td colspan="2">需要补缺的知识和技能</td><td colspan="5"></td></tr>
<tr><td colspan="2">任务汇报 PPT 完成情况和情境学习表现及改进</td><td colspan="5"></td></tr>
</table>

二维工作台的整体装调过程考核评价表

<table>
<tr><td>情　　境</td><td colspan="8"></td></tr>
<tr><td>学 习 任 务</td><td colspan="5"></td><td>完成时间</td><td colspan="2"></td></tr>
<tr><td>任务完成人</td><td>学习小组</td><td></td><td>组长</td><td></td><td>成员</td><td colspan="3"></td></tr>
<tr><td rowspan="2">评价项目</td><td rowspan="2">评价内容</td><td rowspan="2" colspan="4">评价标准</td><td colspan="3">得分</td></tr>
<tr><td>自评</td><td>互评（组内互评，取平均分）</td><td>教师评价</td></tr>
<tr><td rowspan="4">理论知识（45%）</td><td>了解二维工作台的整体结构及工作原理</td><td colspan="4">对知识的理解、掌握及接受新知识的能力
□优（10）□良（8）□中（6）□差（4）</td><td></td><td></td><td></td></tr>
<tr><td>掌握二维工作台的基本调试方法</td><td colspan="4">根据工作任务，应用相关知识分析解决问题
□优（10）□良（8）□中（6）□差（4）</td><td></td><td></td><td></td></tr>
<tr><td>掌握各零部件的装调方法</td><td colspan="4">在教师的指导下，能够制定工作计划和方案并能够进行优化实施，完成工作任务单、计划和决策表、实施表、检查表、过程考核评价表的填写
□优（15）□良（12）□中（9）□差（7）</td><td></td><td></td><td></td></tr>
<tr><td>熟悉二维工作台的特点、功能和应用</td><td colspan="4">根据任务要求完成任务载体
□优（10）□良（8）□中（6）□差（4）</td><td></td><td></td><td></td></tr>
</table>

实践操作（25%）	学会二维工作台调整工作	在教师的指导下，借助学习资料，能够独立学习新知识和新技能，完成工作任务 □优（8）□良（7）□中（5）□差（3）			
	学会二维工作台机构的装调	在教师的指导下，独立解决工作中出现的各种问题，顺利完成工作任务 □优（7）□良（5）□中（3）□差（2）			
	学会二维工作台整体的装调步骤	通过教材、网络、期刊、专业书籍、技术手册等获取信息，整理资料，获取所需知识 □优（5）□良（3）□中（2）□差（1）			
	整体工作能力	根据工作任务，制定、实施工作计划和方案、任务完成情况及汇报 □优（5）□良（3）□中（2）□差（1）			
安全文明（15%）	遵守操作规程	工作过程中，团队成员之间相互监督，严格遵守操作规程，提高安全意识 □优（5）□良（3）□中（2）□差（1）			
	职业素质规范化养成	具有批评、自我管理和工作任务的组织管理能力 □优（5）□良（3）□中（2）□差（1）			
	7S 整理	养成良好的整理习惯 □优（5）□良（3）□中（2）□差（1）			
学习态度（15%）	考勤情况	出勤情况良好，并积极投入到课程互动中去 □优（5）□良（3）□中（2）□差（1）			
	遵守实习纪律	具有良好的工作责任心、社会责任心、团队责任心（学习、纪律、出勤、卫生）、职业道德和吃苦能力 □优（5）□良（3）□中（2）□差（1）			
	团队协作	工作过程中，团队成员之间相互沟通、交流、协作、互帮互学，具备良好的群体意识 □优（5）□良（3）□中（2）□差（1）			
总　　分					

学习情境 7　THMDZT-1A 型机械装置的装调

学习目标

- 具备系统运行与调整能力，通过系统装配总图能够弄清每个部件之间的装配关系，以及系统各部件的运行原理和组成功能，理解图纸中的技术要求，掌握系统运行与调整的方法。
- 具备根据机械系统运行的技术要求确定装配工艺顺序的能力。
- 在进行系统运行与调整过程中，具备常见故障的判断、分析及处理能力。

子学习情境 7.1　齿轮减速器的装调

齿轮减速器的装调计划和决策表案例

<table>
<tr><td>情　　境</td><td colspan="5">THMDZT-1A 型机械装置的装调</td></tr>
<tr><td>学习任务</td><td colspan="3">子学习情境 7.1：齿轮减速器的装调</td><td>完成时间</td><td></td></tr>
<tr><td>任务完成人</td><td>学习小组</td><td></td><td>组长</td><td></td><td>成员</td></tr>
<tr><td>需要学习的知识和技能</td><td colspan="5">1．齿轮减速器的装配要求与装配方法
2．轴承的装配方法</td></tr>
<tr><td rowspan="3">小组任务分配（以四人为一小组单位）</td><td>小组任务</td><td>任务准备</td><td>管理学习</td><td>管理出勤、纪律</td><td>管理卫生</td></tr>
<tr><td>个人职责</td><td>1．熟悉图纸和零件清单、装配任务
2．检查文件和零件完备情况
3．选择工量具
4．用清洁布清洗零件</td><td>认真努力学习并管理帮助小组成员</td><td>记录考勤并管理小组成员纪律</td><td>组织值日并管理卫生</td></tr>
<tr><td>小组成员</td><td></td><td></td><td></td><td></td></tr>
<tr><td>完成工作任务的计划</td><td colspan="5">1．利用 6 学时学习齿轮减速器安装与调试的知识和技能
2．利用 1 学时制定工作任务的初步方案和最终方案
3．利用 2 学时学会轴承安装的知识和技能
4．利用 4 学时制作任务汇报 PPT、填写工作任务单、计划和决策表、实施表、检查表、过程考核评价表并完成任务跟踪训练</td></tr>
<tr><td>完成任务载体的步骤</td><td colspan="5">1．检查技术文件、图样和零件的完备情况
2．根据装配图样和技术要求确定装配任务和装配工艺
3．根据装配任务和装配工艺选择合适的工量具，工量具摆放整齐，装配前量具要校正
4．对装配的零部件进行清理、清洗，去掉零部件上的毛刺、铁锈、切屑、油污等
5．清理安装面：安装前务必用油石和棉布等清除安装面上的加工毛刺和污物
6．装配完成</td></tr>
<tr><td>工作任务的初步方案</td><td colspan="5">方案一：
1．安装左右挡板
2．安装输入轴
3．安装中间轴
4．安装输出轴</td></tr>
</table>

	方案二： 1．左右挡板的安装；将左右挡板固定在齿轮减速器底座上 2．将两个角接触轴承（按背靠背的装配方法）装在输入轴上，轴承中间加轴承内、外圈套筒。安装轴承座套和轴承透盖，轴承座套与轴承透盖通过测量增加厚度最接近的青稞纸。安装好齿轮和轴套后，轴承座套固定在箱体上，挤压深沟球轴承的内圈把轴承安装在轴上，装上轴承闷盖，闷盖与箱体之间增加 0.3mm 厚度的青稞纸。套上轴承内圈预紧套筒。最后通过调整圆螺母来调整两角接触轴承的预紧力 3．把深沟球轴承压装到固定轴一端，安装两个齿轮和齿轮中间的齿轮套筒及轴套后，挤压深沟球轴承的内圈，把轴承安装在轴上，最后装上两端的闷盖。闷盖与箱体之间通过测量增加青稞纸，游动端一端不用测量直接增加 0.3mm 厚的青稞纸 4．将轴承座套在输入轴上，把两个角接触轴承（按背靠背的装配方法）装在轴上，轴承中间加轴承内、外圈套筒。装上轴承透盖，透盖与轴承套之间通过测量增加厚度最接近的青稞纸。安装好齿轮后，装紧两个圆螺母，挤压深沟球轴承的内圈把轴承安装在轴上，装上轴承闷盖，闷盖与箱体之间增加 0.3mm 厚度的青稞纸。套上轴承内圈预紧套筒。最后通过调整圆螺母来调整两角接触轴承的预紧力
工作任务的最终方案	工作任务的最终方案为工作任务的初步方案中的方案二

齿轮减速器的装调计划和决策表

情　　境						
学 习 任 务					完成时间	
任务完成人	学习小组		组长		成员	
需要学习的知识和技能						
小组任务分配（以四人为一小组单位）	小组任务	任务准备	管理学习	管理出勤、纪律	管理卫生	
	个人职责	准备并检查所需的装调工具和量具	认真努力学习并热情辅导小组成员	记录考勤并管理小组成员纪律	组织值日并管理卫生	
	小组成员					
完成工作任务的计划						
完成任务载体的装调步骤						
工作任务的初步方案						

工作任务的最终方案	

任务实施

齿轮减速器的装调任务实施表案例

<table>
<tr><td>情　　境</td><td colspan="6">HMDZT-1A 型机械装置的装调</td></tr>
<tr><td>学 习 任 务</td><td colspan="4">子学习情境 7.1：齿轮减速器的装调</td><td>完成时间</td><td></td></tr>
<tr><td>任务完成人</td><td>学习小组</td><td></td><td>组长</td><td></td><td>成员</td><td></td></tr>
<tr><td colspan="7">应用获得的知识和技能，根据图纸对任务载体进行装调</td></tr>
<tr><td colspan="7">
图 7.1　HMDZT-1A 型机械装置</td></tr>
</table>

齿轮减速器任务实施表

<table>
<tr><td>情　　境</td><td colspan="6"></td></tr>
<tr><td>学 习 任 务</td><td colspan="4"></td><td>完成时间</td><td></td></tr>
<tr><td>任务完成人</td><td>学习小组</td><td></td><td>组长</td><td></td><td>成员</td><td></td></tr>
<tr><td colspan="7">应用获得的知识和技能，对齿轮减速器进行装调，并保证精度要求</td></tr>
<tr><td colspan="7"></td></tr>
</table>

齿轮减速器的装调任务检查表

情　　境						
学习任务					完成时间	
任务完成人	学习小组		组长		成员	
是否符合国家装配标准（写出不符合之处）						
掌握知识和技能的情况						
装配是否合理（写出不合理之处）						
需要补缺的知识和技能						
任务汇报 PPT 完成情况和情境学习表现及改进						

齿轮减速器的装调过程考核评价表

情　　境							
学习任务				完成时间			
任务完成人	学习小组		组长		成员		
评价项目	评价内容	评价标准			得分		
					自评	互评（组内互评，取平均分）	教师评价
理论知识（45%）	了解齿轮减速器的装配要求	对知识的理解、掌握及接受新知识的能力 □优（10）□良（8）□中（6）□差（4）					
	掌握齿轮减速器的装配工艺	根据工作任务，应用相关知识分析解决问题 □优（10）□良（8）□中（6）□差（4）					
	掌握齿轮减速器的装调方法	在教师的指导下，能够制定工作计划和方案并能够进行优化实施，完成工作任务单、计划和决策表、实施表、检查表、过程考核评价表的填写 □优（15）□良（12）□中（9）□差（7）					
	掌握轴承的安装方法	根据任务要求完成任务载体 □优（10）□良（8）□中（6）□差（4）					

实践操作（25%）	学会齿轮减速器的安装方法	在教师的指导下，借助学习资料，能够独立学习新知识和新技能，完成工作任务 □优（8）□良（7）□中（5）□差（3）			
	学会轴承的安装方法	在教师的指导下，独立解决工作中出现的各种问题，顺利完成工作任务 □优（7）□良（5）□中（3）□差（2）			
	学会齿轮减速器的调试方法	通过教材、网络、期刊、专业书籍、技术手册等获取信息，整理资料，获取所需知识 □优（5）□良（3）□中（2）□差（1）			
	整体工作能力	根据工作任务，制定、实施工作计划和方案、任务完成情况及汇报 □优（5）□良（3）□中（2）□差（1）			
安全文明（15%）	遵守操作规程	工作过程中，团队成员之间相互监督，严格遵守操作规程，提高安全意识 □优（5）□良（3）□中（2）□差（1）			
	职业素质规范化养成	具有批评、自我管理和工作任务的组织管理能力 □优（5）□良（3）□中（2）□差（1）			
	7S 整理	养成良好的整理习惯 □优（5）□良（3）□中（2）□差（1）			
学习态度（15%）	考勤情况	出勤情况良好，并积极投入到课程互动中去 □优（5）□良（3）□中（2）□差（1）			
	遵守实习纪律	具有良好的工作责任心、社会责任心、团队责任心（学习、纪律、出勤、卫生）、职业道德和吃苦能力 □优（5）□良（3）□中（2）□差（1）			
	团队协作	工作过程中，团队成员之间相互沟通、交流、协作、互帮互学，具备良好的群体意识 □优（5）□良（3）□中（2）□差（1）			
总　分					

子学习情境 7.2　间歇回转工作台的装调

间歇回转工作台的装调计划和决策表案例

情　　境	THMDZT-1A 型机械装置的装调					
学习任务	子学习情境 7.2：间歇回转工作台的装调				完成时间	
任务完成人	学习小组		组长		成员	
需要学习的知识和技能	1．定位机构的型式 2．间歇回转工作台的分度机构 3．间歇回转工作台装调方法					
小组任务分配（以四人为一小组单位）	小组任务	任务准备	管理学习	管理出勤、纪律	管理卫生	
	个人职责	准备并检查所需的拆装工具和测量仪器	认真努力学习并管理帮助小组成员	记录考勤并管理小组成员纪律	组织值日并管理卫生	
	小组成员					

完成工作任务的计划	1．利用 6 学时学习间歇回转工作台装调的知识与技能 2．利用 1 学时制定工作任务的初步方案和最终方案 3．利用 4 学时进行间歇回转工作台的拆、装、调 4．利用 2 学时制作任务汇报 PPT、填写工作任务单、计划和决策表、实施表、检查表、过程考核评价表
完成任务载体的步骤	1．检查技术文件、图样和零件的完备情况 2．根据装配图样和技术要求确定装配任务和装配工艺 3．根据装配任务和装配工艺选择合适的工具、量具，工具、量具摆放整齐，装配前量具要校正 4．对装配的零部件进行清理、清洗，去掉零部件上的毛刺、铁锈、切屑、油污等 5．清理安装面：安装前务必用油石和棉布等清除安装面上的加工毛刺和污物 6．装配完成
工作任务的初步方案	方案一： 1．装配两路输出模块 2．装配增速机构 3．安装蜗轮蜗杆 4．调整蜗轮蜗杆 5．安装槽轮机构及工作台 方案二： 1．蜗杆部分的装配 用轴承装配套筒将两个蜗杆用轴承及圆锥滚子轴承内圈装在蜗杆的两端；用轴承装配套筒将两个蜗杆用轴承及圆锥滚子轴承外圈分别装在轴承座上，并把两个蜗杆轴轴承端盖分别固定在轴承座上；将另一蜗杆安装在两个轴承座上，并把两个轴承座固定在分度机构用底板上；在蜗杆的主动端装入相应键，并用轴端挡圈将小齿轮固定在蜗杆上 2．锥齿轮部分的装配 在小锥齿轮轴安装锥齿轮的部位装入相应的键，并将锥齿轮和轴套装入；将两个轴承座分别套在小锥齿轮轴的两端，并用轴承装配套筒将四个角接触轴承以两个一组面对面的方式安装在小锥齿轮轴上，然后将轴承装入轴承座；在小锥齿轮轴的两端分别装入轴用弹性挡圈，将两个轴承座透盖固定到轴承座上；将两个轴承座分别固定在小锥齿轮底板上；在小锥齿轮轴两端各装入相应键，用轴端挡圈将大齿轮、链轮固定在小锥齿轮轴上 3．增速齿轮部分的装配 用轴承装配套筒将两个深沟球轴承装在齿轮增速轴上，并在相应位置装入轴用弹性挡圈；将安装好轴承的齿轮增速轴装入轴承座中，并将轴承座透盖安装在轴承座上；在齿轮增速轴两端各装入相应的键，用轴端挡圈将小齿轮、大齿轮固定在齿轮增速轴上 4．蜗轮部分的装配 将蜗轮蜗杆用透盖装在蜗轮轴上，用轴承装配套筒将圆锥滚子轴承内圈装在蜗轮轴上；用轴承装配套筒将圆锥滚子的外圈装入轴承座中，将圆锥滚子轴承装入轴承座中，并将蜗轮蜗杆用透盖固定在轴承座上；在蜗轮轴上安装蜗轮的部分安装相应的键，并将蜗轮装在蜗轮轴上，然后用圆螺母固定 5．槽轮拨叉部分的装配 用轴承装配套筒将深沟球轴承安装在槽轮轴上，并装上轴用弹性挡圈；将槽轮轴装入底板中，并把底板轴承盖固定在底板上；在槽轮轴的两端各加入相应的键，分别用轴端挡圈、紧定螺钉将四槽轮和法兰盘固定在槽轮轴上；用轴承装配套筒将角接触轴承安装到底板的另一轴承装配孔中，并将底板轴承盖安装到底板上 6．整个工作台的装配 将分度机构用底板安装在铸铁平台上；通过轴承座将蜗轮部分安装在分度机构用底板上；将蜗杆部分安装在分度机构用底板上，通过调整蜗杆的位置使蜗轮、蜗杆正常啮合；将立架安装在分度机构用底板上；在蜗轮轴上先装上圆螺母再在装锁止弧的位置装入相应键，并用圆螺母锁止弧固定在蜗轮轴上，在圆螺母上面套上套管；调节四槽轮的位置，将四槽轮部分安装在支架上，同时使蜗轮轴轴端装入相应位置的轴承孔中，用蜗轮轴端用螺母将蜗轮轴锁紧在深沟球轴承上；将推力球轴承限位块安装在底板上，并将推力球轴承套在推力球轴承限位块上；通过法兰盘将料盘固定；将增速齿轮部分安装在分度机构用底板上，

	调整增速齿轮部分的位置，使大齿轮和小齿轮正常啮合；将锥齿轮部分安装在铸铁平台上，调节小锥齿轮用底板的位置，使小齿轮和大齿轮正常啮合
工作任务的最终方案	工作任务的最终方案为工作任务的初步方案中的方案二

间歇回转工作台的装调计划和决策表

情　　境						
学 习 任 务					完成时间	
任务完成人	学习小组		组长		成员	
需要学习的知识和技能						
小组任务分配（以四人为一小组单位）	小组任务	任务准备	管理学习	管理出勤、纪律	管理卫生	
	个人职责	准备并检查所需的拆装工具和测量仪器	认真努力学习并热情辅导小组成员	记录考勤并管理小组成员纪律	组织值日并管理卫生	
	小组成员					
完成工作任务的计划						
完成任务载体的装调步骤						
工作任务的初步方案						
工作任务的最终方案						

任务实施

间歇回转工作台的装调任务实施表案例

<table>
<tr><td>情　　境</td><td colspan="6">THMDZT-1A 型机械装置的装调</td></tr>
<tr><td>学 习 任 务</td><td colspan="4">子学习情境 7.2：间歇回转工作台的装调</td><td>完成时间</td><td></td></tr>
<tr><td>任务完成人</td><td>学习小组</td><td></td><td>组长</td><td></td><td>成员</td><td></td></tr>
<tr><td colspan="7">应用获得的知识和技能，根据任务载体进行间歇回转工作台的装调</td></tr>
<tr><td colspan="7">
图 7.2　机构装置装调</td></tr>
</table>

间歇回转工作台的装调任务实施表

<table>
<tr><td>情　　境</td><td colspan="6"></td></tr>
<tr><td>学 习 任 务</td><td colspan="4"></td><td>完成时间</td><td></td></tr>
<tr><td>任务完成人</td><td>学习小组</td><td></td><td>组长</td><td></td><td>成员</td><td></td></tr>
<tr><td colspan="7">应用获得的知识和技能，根据任务载体进行间歇回转工作台的装调，并保证精度要求</td></tr>
<tr><td colspan="7"></td></tr>
</table>

间歇回转工作台的装调任务检查表

<table>
<tr><td>情　　境</td><td colspan="7"></td></tr>
<tr><td>学 习 任 务</td><td colspan="5"></td><td>完成时间</td><td></td></tr>
<tr><td>任务完成人</td><td>学习小组</td><td></td><td>组长</td><td></td><td>成员</td><td colspan="2"></td></tr>
<tr><td colspan="2">是否符合国家机械装配标准（写出不符合之处）</td><td colspan="6"></td></tr>
<tr><td colspan="2">掌握知识和技能的情况</td><td colspan="6"></td></tr>
<tr><td colspan="2">拆装步骤是否合理（写出不合理之处）</td><td colspan="6"></td></tr>
<tr><td colspan="2">需要补缺的知识和技能</td><td colspan="6"></td></tr>
<tr><td colspan="2">任务汇报 PPT 完成情况和情境学习表现及改进</td><td colspan="6"></td></tr>
</table>

间歇回转工作台装调过程考核评价表

<table>
<tr><td>情　　境</td><td colspan="8"></td></tr>
<tr><td>学 习 任 务</td><td colspan="5"></td><td colspan="2">完成时间</td><td></td></tr>
<tr><td>任务完成人</td><td>学习小组</td><td></td><td>组长</td><td></td><td>成员</td><td colspan="3"></td></tr>
<tr><td rowspan="2">评价项目</td><td rowspan="2">评价内容</td><td colspan="4" rowspan="2">评价标准</td><td colspan="3">得分</td></tr>
<tr><td>自评</td><td>互评（组内互评，取平均分）</td><td>教师评价</td></tr>
<tr><td rowspan="4">理论知识（45%）</td><td>读懂间歇回转工作台的装配图</td><td colspan="4">对知识的理解、掌握及接受新知识的能力
□优（10）□良（8）□中（6）□差（4）</td><td></td><td></td><td></td></tr>
<tr><td>确定间歇回转工作台的装配工具</td><td colspan="4">根据工作任务，应用相关知识分析解决问题
□优（10）□良（8）□中（6）□差（4）</td><td></td><td></td><td></td></tr>
<tr><td>确定间歇工作台的装配工艺顺序</td><td colspan="4">在教师的指导下，能够制定工作计划和方案并能够进行优化实施，完成工作任务单、计划和决策表、实施表、检查表、过程考核评价表的填写
□优（15）□良（12）□中（9）□差（7）</td><td></td><td></td><td></td></tr>
<tr><td>间歇工作台的精度调整</td><td colspan="4">根据任务要求完成任务载体
□优（10）□良（8）□中（6）□差（4）</td><td></td><td></td><td></td></tr>
</table>

<table>
<tr><td rowspan="4">实践操作
（25%）</td><td>能够装配和调试间歇工作台，并达到技术要求</td><td>在教师的指导下，借助学习资料，能够独立学习新知识和新技能，完成工作任务
□优（8）□良（7）□中（5）□差（3）</td><td></td><td></td><td></td></tr>
<tr><td>能够排除间歇工作台空运转试验中出现的故障</td><td>在教师的指导下，独立解决工作中出现的各种问题，顺利完成工作任务
□优（7）□良（5）□中（3）□差（2）</td><td></td><td></td><td></td></tr>
<tr><td>对间歇回转工作台的常见故障进行判断</td><td>通过教材、网络、期刊、专业书籍、技术手册等获取信息，整理资料，获取所需知识
□优（5）□良（3）□中（2）□差（1）</td><td></td><td></td><td></td></tr>
<tr><td>整体工作能力</td><td>根据工作任务，制定、实施工作计划和方案、任务完成情况及汇报
□优（5）□良（3）□中（2）□差（1）</td><td></td><td></td><td></td></tr>
<tr><td rowspan="3">安全文明
（15%）</td><td>遵守操作规程</td><td>工作过程中，团队成员之间相互监督，严格遵守操作规程，提高安全意识
□优（5）□良（3）□中（2）□差（1）</td><td></td><td></td><td></td></tr>
<tr><td>职业素质规范化养成</td><td>具有批评、自我管理和工作任务的组织管理能力
□优（5）□良（3）□中（2）□差（1）</td><td></td><td></td><td></td></tr>
<tr><td>7S 整理</td><td>养成良好的整理习惯
□优（5）□良（3）□中（2）□差（1）</td><td></td><td></td><td></td></tr>
<tr><td rowspan="3">学习态度
（15%）</td><td>考勤情况</td><td>出勤情况良好，并积极投入到课程互动中去
□优（5）□良（3）□中（2）□差（1）</td><td></td><td></td><td></td></tr>
<tr><td>遵守实习纪律</td><td>具有良好的工作责任心、社会责任心、团队责任心（学习、纪律、出勤、卫生）、职业道德和吃苦能力
□优（5）□良（3）□中（2）□差（1）</td><td></td><td></td><td></td></tr>
<tr><td>团队协作</td><td>工作过程中，团队成员之间相互沟通、交流、协作、互帮互学，具备良好的群体意识
□优（5）□良（3）□中（2）□差（1）</td><td></td><td></td><td></td></tr>
<tr><td colspan="3">总　　分</td><td></td><td></td><td></td></tr>
</table>

子学习情境 7.3　自动冲床机构的装调

自动冲床机构的装调计划和决策表案例

<table>
<tr><td>情　　境</td><td colspan="6">THMDZT-1A 型机械装置的装调</td></tr>
<tr><td>学习任务</td><td colspan="4">子学习情境 7.3：自动冲床机构的装调</td><td>完成时间</td><td></td></tr>
<tr><td>任务完成人</td><td>学习小组</td><td></td><td>组长</td><td></td><td>成员</td><td></td></tr>
<tr><td>需要学习的知识和技能</td><td colspan="6">1. 轴承的装配方法和装配步骤
2. 自动冲床机构的结构和装调方法</td></tr>
<tr><td rowspan="3">小组任务分配
（以四人为一小组单位）</td><td>小组任务</td><td>任务准备</td><td>管理学习</td><td colspan="2">管理出勤、纪律</td><td>管理卫生</td></tr>
<tr><td>个人职责</td><td>准备并检查所需的拆装工具和测量仪器</td><td>认真努力学习并管理帮助小组成员</td><td colspan="2">记录考勤并管理小组成员纪律</td><td>组织值日并管理卫生</td></tr>
<tr><td>小组成员</td><td></td><td></td><td colspan="2"></td><td></td></tr>
</table>

完成工作任务的计划	1．利用 4 学时学习自动冲床机构装调的知识与技能 2．利用 1 学时制定工作任务的初步方案和最终方案 3．利用 6 学时进行自动冲床机构的拆、装、调 4．利用 2 学时制作任务汇报 PPT、填写工作任务单、计划和决策表、实施表、检查表、过程考核评价表
完成任务载体的步骤	1．检查技术文件、图样和零件的完备情况 2．根据装配图样和技术要求确定装配任务和装配工艺 3．根据装配任务和装配工艺选择合适的工量具，工量具摆放整齐，装配前量具要校正 4．对装配的零部件进行清理、清洗，去掉零部件上的毛刺、铁锈、切屑、油污等 5．清理安装面：安装前务必用油石和棉布等清除安装面上的加工毛刺和污物 6．装配完成
工作任务的初步方案	方案一： 1．装配与调整轴承 2．装配与调整曲轴和冲压部件 3．装配与调整冲压机构导向部件 方案二： 1．轴承的装配与调整 用轴承套筒将轴承装入轴承室中（在轴承室中涂抹少许润滑油），转动轴承内圈，轴承应转动灵活，无卡阻现象；观察轴承外圈是否安装到位 2．曲轴的装配与调整 安装轴 2：将透盖用螺钉拧紧，将轴 2 装好，再装好轴承的右传动轴挡套 安装曲轴：先将轴瓦安装在曲轴下端盖的 U 型槽中，然后装好中轴，盖上轴瓦另一半，再将曲轴上端盖装在轴瓦上，将螺钉预紧，用手转动中轴，中轴应转动灵活；将已安装好的曲轴固定在轴 2 上，用外六角螺钉预紧 安装轴 1：将轴 1 装入轴承中（由内向外安装），将已安装好的曲轴的另一端固定在轴 1 上，此时可将曲轴两端的螺钉拧紧，然后将左传动轴压盖固定在轴 1 上，然后再将左传动轴的端盖装上，并将螺钉预紧；最后在轴 2 上装键，固定同步轮，然后转动同步轮，曲轴转动灵活，无卡阻现象 3．冲压部件的装配与调整 将“压头连接体”安装在曲轴上 4．冲压机构导向部件的装配与调整 首先将滑套固定垫块固定在滑块固定板上，然后将滑套固定板加强筋固定，安装好冲头导向套，螺钉为预紧状态；将冲压机构导向部件安装在自动冲床上，转动同步轮，冲压机构运转灵活，无卡阻现象，最后将螺钉拧紧，再转动同步轮，调整到最佳状态，在滑动部分加少许润滑油 5．运行与调整 完成上述步骤，将手轮上的手柄拆下，安装在同步轮上，摇动手柄，观察“模拟冲头”运行状态，多运转几分钟，仔细观察各个部件是否运行正常，正常后加入少许润滑油
工作任务的最终方案	工作任务的最终方案为工作任务的初步方案中的方案二

自动冲床机构的装调计划和决策表

情　　境						
学 习 任 务					完成时间	
任务完成人	学习小组		组长		成员	
需要学习的知识和技能						

<table>
<tr><td rowspan="3">小组任务分配（以四人为一小组单位）</td><td>小组任务</td><td>任务准备</td><td>管理学习</td><td>管理出勤、纪律</td><td>管理卫生</td></tr>
<tr><td>个人职责</td><td>准备并检查所需的拆装工具和测量仪器</td><td>认真努力学习并热情辅导小组成员</td><td>记录考勤并管理小组成员纪律</td><td>组织值日并管理卫生</td></tr>
<tr><td>小组成员</td><td></td><td></td><td></td><td></td></tr>
<tr><td>完成工作任务的计划</td><td colspan="5"></td></tr>
<tr><td>完成任务载体的装调步骤</td><td colspan="5"></td></tr>
<tr><td>工作任务的初步方案</td><td colspan="5"></td></tr>
<tr><td>工作任务的最终方案</td><td colspan="5"></td></tr>
</table>

任务实施

自动冲床机构的装调任务实施表案例

<table>
<tr><td>情　　境</td><td colspan="6">二维工作台的装调</td></tr>
<tr><td>学习任务</td><td colspan="4">子学习情境 7.3：自动冲床机构的装调</td><td>完成时间</td><td></td></tr>
<tr><td>任务完成人</td><td>学习小组</td><td></td><td>组长</td><td></td><td>成员</td><td></td></tr>
<tr><td colspan="7">应用获得的知识和技能，根据任务载体进行自动冲床机构的装调</td></tr>
<tr><td colspan="7">
图 7.3　自动冲床机构</td></tr>
</table>

自动冲床机构的装调任务实施表

<table>
<tr><td>情　　境</td><td colspan="7"></td></tr>
<tr><td>学习任务</td><td colspan="5"></td><td>完成时间</td><td></td></tr>
<tr><td>任务完成人</td><td>学习小组</td><td></td><td>组长</td><td></td><td>成员</td><td colspan="2"></td></tr>
<tr><td colspan="8">应用获得的知识和技能，根据任务载体进行自动冲床机构的装调，并保证精度要求</td></tr>
<tr><td colspan="8"></td></tr>
</table>

自动冲床机构的装调任务检查表

<table>
<tr><td>情　　境</td><td colspan="7"></td></tr>
<tr><td>学习任务</td><td colspan="5"></td><td>完成时间</td><td></td></tr>
<tr><td>任务完成人</td><td>学习小组</td><td></td><td>组长</td><td></td><td>成员</td><td colspan="2"></td></tr>
<tr><td colspan="2">是否符合国家装配标准（写出不符合之处）</td><td colspan="6"></td></tr>
<tr><td colspan="2">掌握知识和技能的情况</td><td colspan="6"></td></tr>
<tr><td colspan="2">装调步骤是否合理（写出不合理之处）</td><td colspan="6"></td></tr>
<tr><td colspan="2">需要补缺的知识和技能</td><td colspan="6"></td></tr>
<tr><td colspan="2">任务汇报 PPT 完成情况和情境学习表现及改进</td><td colspan="6"></td></tr>
</table>

自动冲床机构的装调过程考核评价表

<table>
<tr><td>情　　境</td><td colspan="7"></td></tr>
<tr><td>学习任务</td><td colspan="4"></td><td>完成时间</td><td colspan="2"></td></tr>
<tr><td>任务完成人</td><td>学习小组</td><td></td><td>组长</td><td></td><td>成员</td><td colspan="2"></td></tr>
<tr><td rowspan="2">评价项目</td><td rowspan="2">评价内容</td><td rowspan="2" colspan="2">评价标准</td><td colspan="4">得分</td></tr>
<tr><td>自评</td><td colspan="2">互评（组内互评，取平均分）</td><td>教师评价</td></tr>
<tr><td rowspan="4">理论知识（45%）</td><td>读懂自动冲床机构的部件装配图</td><td colspan="2">对知识的理解、掌握及接受新知识的能力
□优（10）□良（8）□中（6）□差（4）</td><td></td><td colspan="2"></td><td></td></tr>
<tr><td>确定自动冲床机构装配工具</td><td colspan="2">根据工作任务，应用相关知识分析解决问题
□优（10）□良（8）□中（6）□差（4）</td><td></td><td colspan="2"></td><td></td></tr>
<tr><td>掌握自动冲床机构的装配工艺顺序</td><td colspan="2">在教师的指导下，能够制定工作计划和方案并能够进行优化实施，完成工作任务单、计划和决策表、实施表、检查表、过程考核评价表的填写
□优（15）□良（12）□中（9）□差（7）</td><td></td><td colspan="2"></td><td></td></tr>
<tr><td>掌握自动冲床机构的运行与调整方法</td><td colspan="2">根据任务要求完成任务载体
□优（10）□良（8）□中（6）□差（4）</td><td></td><td colspan="2"></td><td></td></tr>
<tr><td rowspan="4">实践操作（25%）</td><td>学会自动冲床机构调整工作</td><td colspan="2">在教师的指导下，借助学习资料，能够独立学习新知识和新技能，完成工作任务
□优（8）□良（7）□中（5）□差（3）</td><td></td><td colspan="2"></td><td></td></tr>
<tr><td>学会自动冲床机构的装配工作</td><td colspan="2">在教师的指导下，独立解决工作中出现的各种问题，顺利完成工作任务
□优（7）□良（5）□中（3）□差（2）</td><td></td><td colspan="2"></td><td></td></tr>
<tr><td>学会对自动冲床机构的常见故障进行分析</td><td colspan="2">通过教材、网络、期刊、专业书籍、技术手册等获取信息，整理资料，获取所需知识
□优（5）□良（3）□中（2）□差（1）</td><td></td><td colspan="2"></td><td></td></tr>
<tr><td>整体工作能力</td><td colspan="2">根据工作任务，制定、实施工作计划和方案、任务完成情况及汇报
□优（5）□良（3）□中（2）□差（1）</td><td></td><td colspan="2"></td><td></td></tr>
<tr><td rowspan="3">安全文明（15%）</td><td>遵守操作规程</td><td colspan="2">工作过程中，团队成员之间相互监督，严格遵守操作规程，提高安全意识
□优（5）□良（3）□中（2）□差（1）</td><td></td><td colspan="2"></td><td></td></tr>
<tr><td>职业素质规范化养成</td><td colspan="2">具有批评、自我管理和工作任务的组织管理能力
□优（5）□良（3）□中（2）□差（1）</td><td></td><td colspan="2"></td><td></td></tr>
<tr><td>7S 整理</td><td colspan="2">养成良好的整理习惯
□优（5）□良（3）□中（2）□差（1）</td><td></td><td colspan="2"></td><td></td></tr>
<tr><td rowspan="3">学习态度（15%）</td><td>考勤情况</td><td colspan="2">出勤情况良好，并积极投入到课程互动中去
□优（5）□良（3）□中（2）□差（1）</td><td></td><td colspan="2"></td><td></td></tr>
<tr><td>遵守实习纪律</td><td colspan="2">具有良好的工作责任心、社会责任心、团队责任心（学习、纪律、出勤、卫生）、职业道德和吃苦能力
□优（5）□良（3）□中（2）□差（1）</td><td></td><td colspan="2"></td><td></td></tr>
<tr><td>团队协作</td><td colspan="2">工作过程中，团队成员之间相互沟通、交流、协作、互帮互学，具备良好的群体意识
□优（5）□良（3）□中（2）□差（1）</td><td></td><td colspan="2"></td><td></td></tr>
<tr><td colspan="4">总　　分</td><td></td><td colspan="2"></td><td></td></tr>
</table>

子学习情境 7.4 THMDZT-1A 机械系统总装调试运行

制定方案

THMDZT-1A 机械系统总装调试运行计划和决策表案例

<table>
<tr><td>情　　境</td><td colspan="6">THMDZT-1A 型机械装置的装调</td></tr>
<tr><td>学 习 任 务</td><td colspan="4">子学习情境 7.4：THMDZT-1A 机械系统总装调试运行</td><td>完成时间</td><td></td></tr>
<tr><td>任务完成人</td><td>学习小组</td><td></td><td>组长</td><td></td><td>成员</td><td></td></tr>
<tr><td>需要学习的知识和技能</td><td colspan="6">1．掌握带传动、齿轮传动带的调整方法
2．掌握系统各个部件的运行原理和组成功能
3．掌握系统运行与调整的方法
4．掌握系统运行与调整过程中常见故障的判断、分析与处理</td></tr>
<tr><td rowspan="3">小组任务分配（以四人为一小组单位）</td><td>小组任务</td><td>任务准备</td><td>管理学习</td><td colspan="2">管理出勤、纪律</td><td>管理卫生</td></tr>
<tr><td>个人职责</td><td>准备并检查所需的拆装工具和测量仪器</td><td>认真努力学习并管理帮助小组成员</td><td colspan="2">记录考勤并管理小组成员纪律</td><td>组织值日并管理卫生</td></tr>
<tr><td>小组成员</td><td></td><td></td><td colspan="2"></td><td></td></tr>
<tr><td>完成工作任务的计划</td><td colspan="6">1．利用 4 学时学习 THMDZT-1A 机械系统总装调试的知识与技能
2．利用 2 学时制定工作任务的初步方案和最终方案
3．利用 8 学时进行总装与调试
4．利用 4 学时制作任务汇报 PPT、填写工作任务单、计划和决策表、实施表、检查表、过程考核评价表</td></tr>
<tr><td>完成任务载体的步骤</td><td colspan="6">1．检查技术文件、图样和零件的完备情况
2．根据装配图样和技术要求确定装配任务和装配工艺
3．根据装配任务和装配工艺选择合适的工量具，工量具摆放整齐，装配前量具要校正
4．对装配的零部件进行清理、清洗，去掉零部件上的毛刺、铁锈、切屑、油污等
5．清理安装面：安装前务必用油石和棉布等清除安装面上的加工毛刺和污物
6．装配完成</td></tr>
<tr><td>工作任务的初步方案</td><td colspan="6">方案一：
1．安装二维工作台
2．调整变速箱
3．调整小锥齿轮轴部件
4．调整减速箱
5．调整间歇回转工作台
6．调整自动冲床机构
7．调整自动带、链的张紧度
8．调整整机
方案二：
将变速箱、交流减速电机、二维工作台、齿轮减速器、间歇回转工作台、自动冲床分别放在铸件平台上的相应位置，并将相应底板螺钉装入（螺钉不要拧紧）
1．变速箱与二维工作台传动的安装与调整
2．变速箱与小锥齿轮部分链传动的安装，冲压部件的装配与调整
3．间歇回转工作台与齿轮减速器的调整
4．齿轮减速器与自动冲床同步带传动的安装与调节
5．手动试运行</td></tr>
</table>

	6．电机与变速箱同步带传动的装调 7．电气控制部分的装调 8．机械系统的整机调试
工作任务的最终方案	工作任务的最终方案为工作任务的初步方案中的方案二

THMDZT-1A 机械系统总装调试运行计划和决策表

<table>
<tr><td>情　　境</td><td colspan="5"></td></tr>
<tr><td>学 习 任 务</td><td colspan="3"></td><td>完成时间</td><td></td></tr>
<tr><td>任务完成人</td><td>学习小组</td><td></td><td>组长</td><td></td><td>成员</td></tr>
<tr><td>需要学习的知识和技能</td><td colspan="5"></td></tr>
<tr><td rowspan="3">小组任务分配（以四人为一小组单位）</td><td>小组任务</td><td>任务准备</td><td>管理学习</td><td>管理出勤、纪律</td><td>管理卫生</td></tr>
<tr><td>个人职责</td><td>准备并检查所需的拆装工具和测量仪器</td><td>认真努力学习并热情辅导小组成员</td><td>记录考勤并管理小组成员纪律</td><td>组织值日并管理卫生</td></tr>
<tr><td>小组成员</td><td></td><td></td><td></td><td></td></tr>
<tr><td>完成工作任务的计划</td><td colspan="5"></td></tr>
<tr><td>完成任务载体的装调步骤</td><td colspan="5"></td></tr>
<tr><td>工作任务的初步方案</td><td colspan="5"></td></tr>
<tr><td>工作任务的最终方案</td><td colspan="5"></td></tr>
</table>

THMDZT-1A 机械系统总装调试运行任务实施表案例

<table>
<tr><td>情　　境</td><td colspan="6">二维工作台的的装调</td></tr>
<tr><td>学 习 任 务</td><td colspan="5">子学习情境 7.4：THMDZT-1A 机械系统总装调试运行</td><td>完成时间</td></tr>
<tr><td>任务完成人</td><td>学习小组</td><td></td><td>组长</td><td></td><td>成员</td><td></td></tr>
<tr><td colspan="7">应用获得的知识和技能，根据任务载体进行 THMDZT-1A 机械系统总装调试运行</td></tr>
<tr><td colspan="7">图 7.4　THMDZT-1A 机械系统总装调试</td></tr>
</table>

THMDZT-1A 机械系统总装调试运行任务实施表

<table>
<tr><td>情　　境</td><td colspan="6"></td></tr>
<tr><td>学 习 任 务</td><td colspan="5"></td><td>完成时间</td></tr>
<tr><td>任务完成人</td><td>学习小组</td><td></td><td>组长</td><td></td><td>成员</td><td></td></tr>
<tr><td colspan="7">应用获得的知识和技能，根据任务载体进行 THMDZT-1A 机械系统总装调试运行，并保证精度要求</td></tr>
<tr><td colspan="7"></td></tr>
</table>

THMDZT-1A 机械系统总装调试运行任务检查表

<table>
<tr><td>情　　境</td><td colspan="6"></td></tr>
<tr><td>学 习 任 务</td><td colspan="4"></td><td>完成时间</td><td></td></tr>
<tr><td>任务完成人</td><td>学习小组</td><td></td><td>组长</td><td></td><td>成员</td><td></td></tr>
<tr><td colspan="2">是否符合国家机械装配标准（写出不符合之处）</td><td colspan="5"></td></tr>
<tr><td colspan="2">掌握知识和技能的情况</td><td colspan="5"></td></tr>
<tr><td colspan="2">装调步骤是否合理（写出不合理之处）</td><td colspan="5"></td></tr>
<tr><td colspan="2">需要补缺的知识和技能</td><td colspan="5"></td></tr>
<tr><td colspan="2">任务汇报 PPT 完成情况和情境学习表现及改进</td><td colspan="5"></td></tr>
</table>

THMDZT-1A 机械系统总装调试运行过程考核评价表

<table>
<tr><td>情　　境</td><td colspan="8"></td></tr>
<tr><td>学 习 任 务</td><td colspan="5"></td><td>完成时间</td><td colspan="2"></td></tr>
<tr><td>任务完成人</td><td>学习小组</td><td></td><td>组长</td><td></td><td>成员</td><td colspan="3"></td></tr>
<tr><td rowspan="2">评价项目</td><td rowspan="2">评价内容</td><td colspan="4" rowspan="2">评价标准</td><td colspan="3">得分</td></tr>
<tr><td>自评</td><td>互评（组内互评，取平均分）</td><td>教师评价</td></tr>
<tr><td rowspan="4">理论知识（45%）</td><td>能对装配图进行分析</td><td colspan="4">对知识的理解、掌握及接受新知识的能力
□优（10）□良（8）□中（6）□差（4）</td><td></td><td></td><td></td></tr>
<tr><td>掌握结构的运动原理及功能</td><td colspan="4">根据工作任务，应用相关知识分析解决问题
□优（10）□良（8）□中（6）□差（4）</td><td></td><td></td><td></td></tr>
<tr><td>了解零件之间的装配关系</td><td colspan="4">在教师的指导下，能够制定工作计划和方案并能够进行优化实施，完成工作任务单、计划和决策表、实施表、检查表、过程考核评价表的填写
□优（15）□良（12）□中（9）□差（7）</td><td></td><td></td><td></td></tr>
<tr><td>熟悉零件的拆装工具</td><td colspan="4">根据任务要求完成任务载体
□优（10）□良（8）□中（6）□差（4）</td><td></td><td></td><td></td></tr>
</table>

实践操作（25%）	掌握带传动、齿轮传动带的调整方法	在教师的指导下，借助学习资料，能够独立学习新知识和新技能，完成工作任务 □优（8）□良（7）□中（5）□差（3）			
	掌握系统运行与调整过程中常见故障的判断、分析及处理能力	在教师的指导下，独立解决工作中出现的各种问题，顺利完成工作任务 □优（7）□良（5）□中（3）□差（2）			
	掌握零件的检测方法	通过教材、网络、期刊、专业书籍、技术手册等获取信息，整理资料，获取所需知识 □优（5）□良（3）□中（2）□差（1）			
	整体工作能力	根据工作任务，制定、实施工作计划和方案、任务完成情况及汇报 □优（5）□良（3）□中（2）□差（1）			
安全文明（15%）	遵守操作规程	工作过程中，团队成员之间相互监督，严格遵守操作规程，提高安全意识 □优（5）□良（3）□中（2）□差（1）			
	职业素质规范化养成	具有批评、自我管理和工作任务的组织管理能力 □优（5）□良（3）□中（2）□差（1）			
	7S 整理	养成良好的整理习惯 □优（5）□良（3）□中（2）□差（1）			
学习态度（15%）	考勤情况	出勤情况良好，并积极投入到课程互动中去 □优（5）□良（3）□中（2）□差（1）			
	遵守实习纪律	具有良好的工作责任心、社会责任心、团队责任心（学习、纪律、出勤、卫生）、职业道德和吃苦能力 □优（5）□良（3）□中（2）□差（1）			
	团队协作	工作过程中，团队成员之间相互沟通、交流、协作、互帮互学，具备良好的群体意识 □优（5）□良（3）□中（2）□差（1）			
总　分					

学习情境8　电气装置调整与控制

学习目标

- 掌握常用低压电气元件
- 能够规范合理地应用低压电气元件控制电动机的启动和停止
- 掌握步进电机驱动器的连接
- 学会步进电机驱动器参数调整
- 掌握变频器的连接
- 学会变频器参数调整

子学习情境8.1　电气元件结构认知

制定方案

电气元件结构认知计划和决策表案例

<table>
<tr><td>情　　境</td><td colspan="6">电气装置调整与控制</td></tr>
<tr><td>学 习 任 务</td><td colspan="4">子学习情境8.1：电气元件结构认知</td><td>完成时间</td><td></td></tr>
<tr><td>任务完成人</td><td>学习小组</td><td></td><td>组长</td><td></td><td>成员</td><td></td></tr>
<tr><td>需要学习的知识和技能</td><td colspan="6">1．常用低压电气元件认知
2．能够规范合理地应用低压电气元件控制电动机的起动和停止</td></tr>
<tr><td rowspan="3">小组任务分配（以四人为一小组单位）</td><td>小组任务</td><td>任务准备</td><td>管理学习</td><td>管理出勤、纪律</td><td colspan="2">管理卫生</td></tr>
<tr><td>个人职责</td><td>1．熟悉电气原理图和电气元件。
2．检查元件完好情况
3．选择工具、器材等
4．用清洁布清洗元件及工具器材</td><td>认真努力学习并管理帮助小组成员</td><td>记录考勤并管理小组成员纪律</td><td colspan="2">组织值日并管理卫生</td></tr>
<tr><td>小组成员</td><td></td><td></td><td></td><td colspan="2"></td></tr>
<tr><td>完成工作任务的计划</td><td colspan="6">1．利用6学时学习电气元件结构认知的知识和技能
2．利用1学时制定工作任务的初步方案和最终方案
3．利用2学时学会应用低压电气元件控制电动机的起动和停止
4．利用4学时制作任务汇报PPT、填写工作任务单、计划和决策表、实施表、检查表、过程考核评价表并完成任务跟踪训练</td></tr>
<tr><td>完成任务载体的步骤</td><td colspan="6">1．检查技术文件、图样和电气元件的完好情况
2．根据技术要求确定应用电气元件控制电动机起动和停止连接方法
3．根据确定的连接方法选择合适的工具、器材，工具、器材摆放整齐
4．连接电路
5．运行调试</td></tr>
<tr><td>工作任务的初步方案</td><td colspan="6">方案一：
1．查看电气原理图确定连接方法
2．按图纸要求进行电路连接
3．运行调试</td></tr>
</table>

	方案二： 1．熟悉电气原理图 2．熟悉所提供的各种电气设备及电气元件 3．按接线图连线，接线时应遵循“先主后控、从上到下、从左到右”的原则 4．自查和不同组同学之间互查 5．通电操作时，先操作控制电路，当控制电路一切正常时，再操作主电路 6．注意观察各个电器是否正常工作，是否按控制要求动作，如发现故障应立即断开电源，分析原因排除故障 7．观察电动机是否按控制要求运转
工作任务的最终方案	工作任务的最终方案为工作任务的初步方案中的方案二

电气元件结构认知计划和决策表

情　　境						
学 习 任 务					完成时间	
任务完成人	学习小组		组长		成员	
需要学习的知识和技能						
小组任务分配（以四人为一小组单位）	小组任务	任务准备	管理学习	管理出勤、纪律	管理卫生	
	个人职责	准备并检查所需的工具和器材	认真努力学习并热情辅导小组成员	记录考勤并管理小组成员纪律	组织值日并管理卫生	
	小组成员					
完成工作任务的计划						
完成任务载体的装调步骤						
工作任务的初步方案						
工作任务的最终方案						

任务实施

电气元件结构认知任务实施表案例

<table>
<tr><td>情　　境</td><td colspan="6">电气装置调整与控制</td></tr>
<tr><td>学 习 任 务</td><td colspan="4">子学习情境 8.1：电气元件结构认知</td><td>完成时间</td><td></td></tr>
<tr><td>任务完成人</td><td>学习小组</td><td></td><td>组长</td><td></td><td>成员</td><td></td></tr>
<tr><td colspan="7">应用获得的知识和技能，根据图纸对任务载体进行装调</td></tr>
<tr><td colspan="7">图 8.1　电气元件结构认知</td></tr>
</table>

电气元件结构认知任务实施表

<table>
<tr><td>情　　境</td><td colspan="6"></td></tr>
<tr><td>学 习 任 务</td><td colspan="4"></td><td>完成时间</td><td></td></tr>
<tr><td>任务完成人</td><td>学习小组</td><td></td><td>组长</td><td></td><td>成员</td><td></td></tr>
<tr><td colspan="7">应用获得的知识和技能，对电动机起动停止进行安装与调试，并保证安装要求</td></tr>
<tr><td colspan="7"></td></tr>
</table>

电气元件结构认知任务检查表

<table>
<tr><td>情　　境</td><td colspan="6"></td></tr>
<tr><td>学 习 任 务</td><td colspan="4"></td><td>完成时间</td><td></td></tr>
<tr><td>任务完成人</td><td>学习小组</td><td></td><td>组长</td><td></td><td>成员</td><td></td></tr>
<tr><td colspan="2">是否符合国家调试标准（写出不符合之处）</td><td colspan="5"></td></tr>
<tr><td colspan="2">掌握知识和技能的情况</td><td colspan="5"></td></tr>
<tr><td colspan="2">调试是否合理（写出不合理之处）</td><td colspan="5"></td></tr>
<tr><td colspan="2">需要补缺的知识和技能</td><td colspan="5"></td></tr>
<tr><td colspan="2">任务汇报 PPT 完成情况和情境学习表现及改进</td><td colspan="5"></td></tr>
</table>

电气元件结构认知考核评价表

<table>
<tr><td>情　　境</td><td colspan="7"></td></tr>
<tr><td>学 习 任 务</td><td colspan="4"></td><td>完成时间</td><td colspan="2"></td></tr>
<tr><td>任务完成人</td><td>学习小组</td><td></td><td>组长</td><td></td><td>成员</td><td colspan="2"></td></tr>
<tr><td rowspan="2">评价项目</td><td rowspan="2">评价内容</td><td colspan="3" rowspan="2">评价标准</td><td colspan="3">得分</td></tr>
<tr><td>自评</td><td>互评（组内互评，取平均分）</td><td>教师评价</td></tr>
<tr><td rowspan="4">理论知识
（45%）</td><td>了解电气元件的基本知识</td><td colspan="3">对知识的理解、掌握及接受新知识的能力
□优（10）□良（8）□中（6）□差（4）</td><td></td><td></td><td></td></tr>
<tr><td>掌握电气元件的基本调试方法</td><td colspan="3">根据工作任务，应用相关知识分析解决问题
□优（10）□良（8）□中（6）□差（4）</td><td></td><td></td><td></td></tr>
<tr><td>掌握电动机的调试方法</td><td colspan="3">在教师的指导下，能够制定工作计划和方案并能够进行优化实施，完成工作任务单、计划和决策表、实施表、检查表、过程考核评价表的填写
□优（15）□良（12）□中（9）□差（7）</td><td></td><td></td><td></td></tr>
<tr><td>熟悉电气元件的特点、功能和应用</td><td colspan="3">根据任务要求完成任务载体
□优（10）□良（8）□中（6）□差（4）</td><td></td><td></td><td></td></tr>
</table>

实践操作（25%）	学会电动机的调试工作	在教师的指导下，借助学习资料，能够独立学习新知识和新技能，完成工作任务 □优（8）□良（7）□中（5）□差（3）			
	学会电动机控制电路的连接	在教师的指导下，独立解决工作中出现的各种问题，顺利完成工作任务 □优（7）□良（5）□中（3）□差（2）			
	学会电动机的调试步骤	通过教材、网络、期刊、专业书籍、技术手册等获取信息，整理资料，获取所需知识 □优（5）□良（3）□中（2）□差（1）			
	整体工作能力	根据工作任务，制定、实施工作计划和方案、任务完成情况及汇报 □优（5）□良（3）□中（2）□差（1）			
安全文明（15%）	遵守操作规程	工作过程中，团队成员之间相互监督，严格遵守操作规程，提高安全意识 □优（5）□良（3）□中（2）□差（1）			
	职业素质规范化养成	具有批评、自我管理和工作任务的组织管理能力 □优（5）□良（3）□中（2）□差（1）			
	7S 整理	养成良好的整理习惯 □优（5）□良（3）□中（2）□差（1）			
学习态度（15%）	考勤情况	出勤情况良好，并积极投入到课程互动中去 □优（5）□良（3）□中（2）□差（1）			
	遵守实习纪律	具有良好的工作责任心、社会责任心、团队责任心（学习、纪律、出勤、卫生）、职业道德和吃苦能力 □优（5）□良（3）□中（2）□差（1）			
	团队协作	工作过程中，团队成员之间相互沟通、交流、协作、互帮互学，具备良好的群体意识 □优（5）□良（3）□中（2）□差（1）			
总　　分					

子学习情境 8.2　步进电机驱动器参数调整

步进电机驱动器参数调整计划和决策表案例

情　　境	电气装置调整与控制				
学 习 任 务	子学习情境 8.2：步进电机驱动器参数调整			完成时间	
任务完成人	学习小组		组长		成员
需要学习的知识和技能	1．步进电机驱动器的连接 2．功能选择				
小组任务分配（以四人为一小组单位）	小组任务	任务准备	管理学习	管理出勤、纪律	管理卫生
	个人职责	准备并检查所需的工具和器材	认真努力学习并管理帮助小组成员	记录考勤并管理小组成员纪律	组织值日并管理卫生
	小组成员				

完成工作任务的计划	1．利用 4 学时学习步进电动机参数调整的知识与技能 2．利用 1 学时制定工作任务的初步方案和最终方案 3．利用 4 学时进行步进电机驱动器连接及参数调整 4．利用 2 学时制作任务汇报 PPT、填写工作任务单、计划和决策表、实施表、检查表、过程考核评价表
完成任务载体的步骤	1．检查技术文件、步进电机驱动器说明书和电气元件的完好情况 2．根据技术要求，确定步进电机驱动器连接方法 3．根据确定的连接方法，选择合适的工具、器材；工具、器材摆放整齐 4．连接步进电机驱动器并连接功率接口 5．运行调试
工作任务的初步方案	方案一： 1．查看步进电机驱动器说明书确定连接方法 2．按说明书要求进行电路连接 3．运行调试 方案二： 1．熟悉步进电机驱动器的结构和功能 2．熟悉步进电机驱动器控制信号的定义 3．按照步进电机驱动器使用说明连接电路 4．自查和不同组同学之间互查 5．通电操作时，通过拨码开关调整步进电动机参数 6．注意观察各个电器是否正常工作，是否按控制要求动作，如发现故障应立即断开电源，分析原因排除故障 7．观察电动机是否按控制要求运转
工作任务的最终方案	工作任务的最终方案为工作任务的初步方案中的方案二

步进电动机参数调整计划和决策表

<table>
<tr><td>情　　境</td><td colspan="7"></td></tr>
<tr><td>学习任务</td><td colspan="5"></td><td rowspan="2">完成时间</td><td rowspan="2"></td></tr>
<tr><td>任务完成人</td><td>学习小组</td><td></td><td>组长</td><td></td><td>成员</td></tr>
<tr><td>需要学习的知识和技能</td><td colspan="7"></td></tr>
<tr><td rowspan="3">小组任务分配（以四人为一小组单位）</td><td>小组任务</td><td>任务准备</td><td colspan="2">管理学习</td><td colspan="2">管理出勤、纪律</td><td>管理卫生</td></tr>
<tr><td>个人职责</td><td>准备并检查所需的工具和器材</td><td colspan="2">认真努力学习并热情辅导小组成员</td><td colspan="2">记录考勤并管理小组成员纪律</td><td>组织值日并管理卫生</td></tr>
<tr><td>小组成员</td><td></td><td colspan="2"></td><td colspan="2"></td><td></td></tr>
<tr><td>完成工作任务的计划</td><td colspan="7"></td></tr>
<tr><td>完成任务载体的装调步骤</td><td colspan="7"></td></tr>
</table>

工作任务的初步方案	
工作任务的最终方案	

任务实施

步进电动机参数调整任务实施表案例

情　　境	电气装置调整与控制					
学习任务	子学习情境 8.2：步进电动机参数调整				完成时间	
任务完成人	学习小组		组长		成员	
应用获得的知识和技能，根据任务载体进行步进电机驱动器连接和功能调试						
 图 8.2　步进电机驱动器						

步进电机驱动器参数调整任务实施表

情　　境						
学习任务					完成时间	
任务完成人	学习小组		组长		成员	
应用获得的知识和技能，根据任务载体进行步进电机驱动器连接和功能调试，并保证功能要求						

步进电机驱动器参数调整任务检查表

<table>
<tr><td>情　　境</td><td colspan="7"></td></tr>
<tr><td>学 习 任 务</td><td colspan="5"></td><td>完成时间</td><td></td></tr>
<tr><td>任务完成人</td><td>学习小组</td><td></td><td>组长</td><td></td><td>成员</td><td colspan="2"></td></tr>
<tr><td colspan="2">是否符合国家安装调试要求（写出不符合之处）</td><td colspan="6"></td></tr>
<tr><td colspan="2">掌握知识和技能的情况</td><td colspan="6"></td></tr>
<tr><td colspan="2">安装调试步骤是否合理（写出不合理之处）</td><td colspan="6"></td></tr>
<tr><td colspan="2">需要补缺的知识和技能</td><td colspan="6"></td></tr>
<tr><td colspan="2">任务汇报 PPT 完成情况和情境学习表现及改进</td><td colspan="6"></td></tr>
</table>

步进电机驱动器参数调整过程考核评价表

<table>
<tr><td>情　　境</td><td colspan="7"></td></tr>
<tr><td>学 习 任 务</td><td colspan="5"></td><td>完成时间</td><td></td></tr>
<tr><td>任务完成人</td><td>学习小组</td><td></td><td>组长</td><td></td><td>成员</td><td colspan="2"></td></tr>
</table>

评价项目	评价内容	评价标准	得分		
			自评	互评（组内互评，取平均分）	教师评价
理论知识（45%）	了解步进电机驱动器的基本知识	对知识的理解、掌握及接受新知识的能力 □优（10）□良（8）□中（6）□差（4）			
	掌握步进电机驱动器的基本调试方法	根据工作任务，应用相关知识分析解决问题 □优（10）□良（8）□中（6）□差（4）			
	掌握步进电机驱动器的装调方法	在教师的指导下，能够制定工作计划和方案并能够进行优化实施，完成工作任务单、计划和决策表、实施表、检查表、过程考核评价表的填写 □优（15）□良（12）□中（9）□差（7）			
	熟悉步进电机驱动器的特点、功能和应用	根据任务要求完成任务载体 □优（10）□良（8）□中（6）□差（4）			
实践操作（25%）	学会步进电机驱动器的调整工作	在教师的指导下，借助学习资料，能够独立学习新知识和新技能，完成工作任务 □优（8）□良（7）□中（5）□差（3）			
	学会步进电机驱动器的连接方法	在教师的指导下，独立解决工作中出现的各种问题，顺利完成工作任务 □优（7）□良（5）□中（3）□差（2）			
	学会步进电机驱动器的调试步骤	通过教材、网络、期刊、专业书籍、技术手册等获取信息，整理资料，获取所需知识 □优（5）□良（3）□中（2）□差（1）			
	整体工作能力	根据工作任务，制定、实施工作计划和方案、任务完成情况及汇报 □优（5）□良（3）□中（2）□差（1）			
安全文明（15%）	遵守操作规程	工作过程中，团队成员之间相互监督，严格遵守操作规程，提高安全意识 □优（5）□良（3）□中（2）□差（1）			
	职业素质规范化养成	具有批评、自我管理和工作任务的组织管理能力 □优（5）□良（3）□中（2）□差（1）			
	7S 整理	养成良好的整理习惯 □优（5）□良（3）□中（2）□差（1）			
学习态度（15%）	考勤情况	出勤情况良好，并积极投入到课程互动中去 □优（5）□良（3）□中（2）□差（1）			
	遵守实习纪律	具有良好的工作责任心、社会责任心、团队责任心（学习、纪律、出勤、卫生）、职业道德和吃苦能力 □优（5）□良（3）□中（2）□差（1）			
	团队协作	工作过程中，团队成员之间相互沟通、交流、协作、互帮互学，具备良好的群体意识 □优（5）□良（3）□中（2）□差（1）			
总　分					

子学习情境 8.3　变频器参数调整

变频器参数调整计划和决策表案例

<table>
<tr><td>情　　境</td><td colspan="7">电气装置调整与控制</td></tr>
<tr><td>学习任务</td><td colspan="5">子学习情境 8.3：变频器参数调整</td><td>完成时间</td><td></td></tr>
<tr><td>任务完成人</td><td>学习小组</td><td></td><td>组长</td><td></td><td>成员</td><td colspan="2"></td></tr>
<tr><td>需要学习的知识和技能</td><td colspan="7">1．变频器的连接
2．变频器参数调整</td></tr>
<tr><td rowspan="3">小组任务分配（以四人为一小组单位）</td><td>小组任务</td><td>任务准备</td><td colspan="2">管理学习</td><td colspan="2">管理出勤、纪律</td><td>管理卫生</td></tr>
<tr><td>个人职责</td><td>准备并检查所需的工具和器材</td><td colspan="2">认真努力学习并管理帮助小组成员</td><td colspan="2">记录考勤并管理小组成员纪律</td><td>组织值日并管理卫生</td></tr>
<tr><td>小组成员</td><td></td><td colspan="2"></td><td colspan="2"></td><td></td></tr>
<tr><td>完成工作任务的计划</td><td colspan="7">1．利用 2 学时学习变频器参数调整的知识与技能
2．利用 1 学时制定工作任务的初步方案和最终方案
3．利用 6 学时完成变频器连接和参数调整
4．利用 2 学时制作任务汇报 PPT、填写工作任务单、计划和决策表、实施表、检查表、过程考核评价表</td></tr>
<tr><td>完成任务载体的步骤</td><td colspan="7">1．检查技术文件、变频器说明书和电气元件的完好情况
2．根据技术要求确定变频器连接方法
3．根据确定的连接方法选择合适的工具、器材，工具、器材摆放整齐。
4．连接变频器
5．运行调试</td></tr>
<tr><td>工作任务的初步方案</td><td colspan="7">方案一：
1．查看变频器说明书确定连接方法
2．按说明书要求进行电路连接
3．运行调试
方案二：
1．熟悉变频器的结构和功能
2．熟悉变频器主回路端子
3．按照变频器使用说明连接电路
4．自查和不同组同学之间互查
5．熟悉变频器基本功能参数
6．熟悉变频器操作面板和各按键功能
7．变频器参数调整
8．运行调试</td></tr>
<tr><td>工作任务的最终方案</td><td colspan="7">工作任务的最终方案为工作任务的初步方案中的方案二</td></tr>
</table>

变频器参数调整计划和决策表

<table>
<tr><td>情　　境</td><td colspan="7"></td></tr>
<tr><td>学习任务</td><td colspan="5"></td><td>完成时间</td><td></td></tr>
<tr><td>任务完成人</td><td>学习小组</td><td></td><td>组长</td><td></td><td>成员</td><td colspan="2"></td></tr>
</table>

需要学习的知识和技能					
小组任务分配（以四人为一小组单位）	小组任务	任务准备	管理学习	管理出勤、纪律	管理卫生
	个人职责	准备并检查所需的工具和器材	认真努力学习并热情辅导小组成员	记录考勤并管理小组成员纪律	组织值日并管理卫生
	小组成员				
完成工作任务的计划					
完成任务载体的装调步骤					
工作任务的初步方案					
工作任务的最终方案					

任务实施

变频器参数调整任务实施表案例

情　　境	电气装置调整与控制					
学 习 任 务	子学习情境 8.3：变频器参数调整				完成时间	
任务完成人	学习小组		组长		成员	
应用获得的知识和技能，根据任务载体进行变频器的连接与调试						
 图 8.3　变频器						

变频器参数调整任务实施表

<table>
<tr><td>情　　境</td><td colspan="6"></td></tr>
<tr><td>学习任务</td><td colspan="4"></td><td>完成时间</td><td></td></tr>
<tr><td>任务完成人</td><td>学习小组</td><td></td><td>组长</td><td></td><td>成员</td><td></td></tr>
<tr><td colspan="7">应用获得的知识和技能，根据任务载体进行变频器安装与调试，并保证功能要求</td></tr>
<tr><td colspan="7"></td></tr>
</table>

变频器参数调整任务检查表

<table>
<tr><td>情　　境</td><td colspan="6"></td></tr>
<tr><td>学习任务</td><td colspan="4"></td><td>完成时间</td><td></td></tr>
<tr><td>任务完成人</td><td>学习小组</td><td></td><td>组长</td><td></td><td>成员</td><td></td></tr>
<tr><td colspan="2">是否符合国家安装调试标准（写出不符合之处）</td><td colspan="5"></td></tr>
<tr><td colspan="2">掌握知识和技能的情况</td><td colspan="5"></td></tr>
<tr><td colspan="2">调试步骤是否合理（写出不合理之处）</td><td colspan="5"></td></tr>
<tr><td colspan="2">需要补缺的知识和技能</td><td colspan="5"></td></tr>
<tr><td colspan="2">任务汇报 PPT 完成情况和情境学习表现及改进</td><td colspan="5"></td></tr>
</table>

变频器参数调整过程考核评价表

<table>
<tr><td>情　境</td><td colspan="7"></td></tr>
<tr><td>学习任务</td><td colspan="4"></td><td>完成时间</td><td colspan="2"></td></tr>
<tr><td>任务完成人</td><td>学习小组</td><td></td><td>组长</td><td></td><td>成员</td><td colspan="2"></td></tr>
<tr><td rowspan="2">评价项目</td><td rowspan="2">评价内容</td><td rowspan="2" colspan="3">评价标准</td><td colspan="3">得分</td></tr>
<tr><td>自评</td><td>互评（组内互评，取平均分）</td><td>教师评价</td></tr>
<tr><td rowspan="4">理论知识（45%）</td><td>了解变频器的结构及工作原理</td><td colspan="3">对知识的理解、掌握及接受新知识的能力
□优（10）□良（8）□中（6）□差（4）</td><td></td><td></td><td></td></tr>
<tr><td>掌握变频器的基本调试方法</td><td colspan="3">根据工作任务，应用相关知识分析解决问题
□优（10）□良（8）□中（6）□差（4）</td><td></td><td></td><td></td></tr>
<tr><td>掌握变频器的连接方法</td><td colspan="3">在教师的指导下，能够制定工作计划和方案并能够进行优化实施，完成工作任务单、计划和决策表、实施表、检查表、过程考核评价表的填写
□优（15）□良（12）□中（9）□差（7）</td><td></td><td></td><td></td></tr>
<tr><td>熟悉变频器的特点、功能和应用</td><td colspan="3">根据任务要求完成任务载体
□优（10）□良（8）□中（6）□差（4）</td><td></td><td></td><td></td></tr>
<tr><td rowspan="4">实践操作（25%）</td><td>学会变频器的调试工作</td><td colspan="3">在教师的指导下，借助学习资料，能够独立学习新知识和新技能，完成工作任务
□优（8）□良（7）□中（5）□差（3）</td><td></td><td></td><td></td></tr>
<tr><td>学会变频器的连接</td><td colspan="3">在教师的指导下，独立解决工作中出现的各种问题，顺利完成工作任务
□优（7）□良（5）□中（3）□差（2）</td><td></td><td></td><td></td></tr>
<tr><td>学会变频器整体的调试步骤</td><td colspan="3">通过教材、网络、期刊、专业书籍、技术手册等获取信息，整理资料，获取所需知识
□优（5）□良（3）□中（2）□差（1）</td><td></td><td></td><td></td></tr>
<tr><td>整体工作能力</td><td colspan="3">根据工作任务，制定、实施工作计划和方案、任务完成情况及汇报
□优（5）□良（3）□中（2）□差（1）</td><td></td><td></td><td></td></tr>
<tr><td rowspan="3">安全文明（15%）</td><td>遵守操作规程</td><td colspan="3">工作过程中，团队成员之间相互监督，严格遵守操作规程，提高安全意识
□优（5）□良（3）□中（2）□差（1）</td><td></td><td></td><td></td></tr>
<tr><td>职业素质规范化养成</td><td colspan="3">具有批评、自我管理和工作任务的组织管理能力
□优（5）□良（3）□中（2）□差（1）</td><td></td><td></td><td></td></tr>
<tr><td>7S 整理</td><td colspan="3">养成良好的整理习惯
□优（5）□良（3）□中（2）□差（1）</td><td></td><td></td><td></td></tr>
<tr><td rowspan="3">学习态度（15%）</td><td>考勤情况</td><td colspan="3">出勤情况良好，并积极投入到课程互动中去
□优（5）□良（3）□中（2）□差（1）</td><td></td><td></td><td></td></tr>
<tr><td>遵守实习纪律</td><td colspan="3">具有良好的工作责任心、社会责任心、团队责任心（学习、纪律、出勤、卫生）、职业道德和吃苦能力
□优（5）□良（3）□中（2）□差（1）</td><td></td><td></td><td></td></tr>
<tr><td>团队协作</td><td colspan="3">工作过程中，团队成员之间相互沟通、交流、协作、互帮互学，具备良好的群体意识
□优（5）□良（3）□中（2）□差（1）</td><td></td><td></td><td></td></tr>
<tr><td colspan="5">总　分</td><td></td><td></td><td></td></tr>
</table>